陆羽茶经

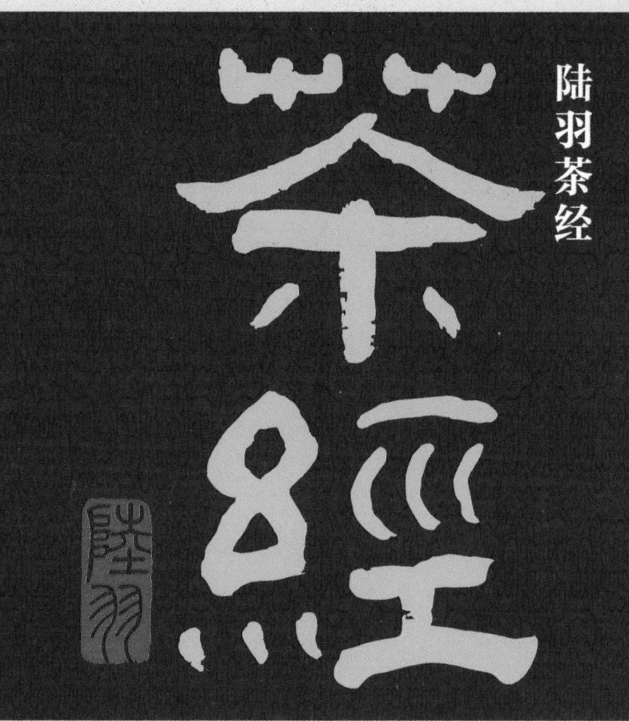

郑柔敏 编著

辽宁科学技术出版社
LIAONING SCIENCE AND TECHNOLOGY PUBLISHING HOUSE

序言
自从陆羽生人间，
人间相学事春茶

陆羽《茶经》成书于唐代，是中国乃至世界现存最早、最完整、最全面介绍茶的专著，被誉为“茶叶百科全书”。陆羽怀着对茶的热爱，躬身实践，笃行不倦，遍稽群籍，博采众家，写下了这本巨著。以品茶香、行茶道、论茶艺、学茶礼为基石，将普通茶事铺设成一条博大精深的文化之路。

中国是茶的故乡，中国人饮茶已有几千年的历史。在远古时期，人们只是将茶当作蔬菜和药来食用。到了魏晋南北朝，喝茶之风开始形成，茶不仅是一种常用的饮品，更具备了一定的文化色彩。在晋代文人杜育专门讴歌茶叶的《荈赋》中，谈及了茶之性灵、成长状况及采摘、取水、择器、观汤色等。到了唐代，喝茶风行全国，并传播到日本和朝鲜。随着佛教的盛行，文人雅士在品茶中寻求禅的意境，因而有了所谓“茶禅一味”之说。唐代是中国茶文明史上极其重要的里程碑时期，而唐代集茶文明之大成者，便是陆羽和他的名著《茶经》。《茶经》对唐代茶叶前史、产地、茶的成效、培养、采制、煎煮、饮用的常识、技能等都有了阐述，使茶叶生产从此有了比较完整的科学依据，把茶文化发展到一个空前的高度。

本书在秉承《茶经》的基础上，结合现代茶文化的演变，对其进行补充和演绎，博览古今，经典实用。“壹之源”，讲述茶的起源、历史、名字、生态环境对茶的影响以及茶的栽培等；“贰之具”，讲述古代采制茶叶用到的十八种器具，以及现代采制茶叶用到的六种器具；“叁之造”，讲述茶的七大采制工序、如何划分茶的等级和六大类茶的制作方法，包括制作工序、选茶要点和保存方式等；“肆之器”，介绍当时煮茶、饮茶的用具，以及现代茶道所需的器皿；“伍之煮”，介绍古法煎煮茶的要领，怎样鉴别水质、掌握火候、培育茶的精华以及现代六大类茶的茶艺；“陆之饮”，讲述饮茶的习俗、饮茶之道以及如何品鉴各种名茶；“柒之事”，列举历史上饮茶典故与名人轶事以及古今保健茶方；“捌之出”，介绍现今六大类茶的产地版图……

《茶经》是中国茶文化的开山巨著，给后世为茶立著树立了典范。百花齐放的茶专著，构成了中华茶文化的宝库。希望本书能让读者全面了解中国的茶文化和当今茶事，继续传承和发扬中国茶文化。

目录

壹之源

嫩芽香且灵，吾谓草中英

茶者，南方之嘉木也，一尺二尺，乃至数十尺。其巴山峡川，有两人合抱者，伐而掇之，其树如瓜芦，叶如栀子，花如白蔷薇，实如栟榈，蒂如丁香，根如胡桃。其字或从草，或从木，或草木并。

其名一曰茶，二曰槚，三曰蔎，四曰茗，五曰荈。

其地，上者生烂石，中者生砾壤，下者生黄土。凡艺而不实，植而罕茂，法如种瓜，三岁可采。野者上，园者次；阳崖阴林，紫者上，绿者次；笋者上，芽者次；叶卷上，叶舒次。阴山坡谷者不堪采掇，性凝滞，结瘕疾。茶之为用，味至寒，为饮最宜精行俭德之人，若热渴、凝闷、脑疼、目涩、四肢烦、百节不舒，聊四五啜，与醍醐、甘露抗衡也。采不时，造不精，杂以卉莽，饮之成疾，茶为累也。亦犹人参，上者生上党，中者生百济、新罗，下者生高丽。有生泽州、易州、幽州、檀州者，为药无效，况非此者！设服荠苨，使六疾不瘳。知人参为累，则茶累尽矣。

功先百草成：茶之起源

南方有嘉木，其叶有真香。南方嘉木——茶的文化，覆盖了大半个中华文明的历史。文人墨客的笔下，无不浸染着浓郁的茶香；诗词歌赋中，关于绿水雅香的风流韵事也是随手拈来。沿着茶文化追寻历史，你会发现，中国是茶的故乡，茶树最早出现在中国西南部的云贵高原、西双版纳地区，由此传播开来，直至遍布世界各地。

封题从泽国，贡献入秦京：发源于中国

中国茶文化源远流长。“其巴山峡川，有两人合抱者，伐而掇之，其树如瓜芦，叶如栀子，花如白蔷薇，实如栟榈，蒂如丁香，根如胡桃。”陆羽在《茶经》中是这么对茶树的特征进行描述的。所以，人们通常认为这是对茶树历史最早的记载，并将巴蜀称为“中国茶叶和茶文化的摇篮”。

不过，经过学者考证历史发现，茶树被发现以及人类饮用茶的时间却是更早。据相关文字记载表明，我们祖先在三千多年前就已经开始栽培和利用茶树了。

有关茶的最早文字记载出自《神农本草经》：“神农尝百草，日遇七十二毒，得茶而解之。”陆羽在《茶经》也说：“茶之为饮，发乎神农氏。”这些都指出茶与神农氏的渊源。另外，还有一些书中也有

2005 年 5 月，在云南凤庆发现了一株历史超过千年的古茶树。这株古茶树被称为“锦秀茶祖”，它的发现为茶之起源提供了较为确切的版本。

类似的记载：

宋代张择端绘制《清明上河图》中的开封茶肆。

晋代常璩所著《华阳国志·巴志》记载，公元前 1066 年周武王伐纣时，茶叶已作为“贡品”。

西汉末年，扬雄所著《方言》记载“蜀西南人谓茶曰蔎”。

《晏子春秋》记载：“婴相齐景公时，食脱粟之饭……茗菜而已。”

古代文献的记载，充分说明了我国茶文化有迹可循的历史，为我国是茶树原产地的论点提供了有力的佐证。据考证，饮茶的历史在岁月的长河中大致经历了几个阶段：春秋前期，茶叶是作为药用和祭品的；春秋至两汉初期，茶叶是作为食品的；汉末以后，茶才作为宫廷饮料；唐代开始普及饮茶，并兴起茶道。

除了古代文献，我们也可以从近代科学的发展，让茶学与植物学相结合，从树种、地质、气候等方面加以论证推敲，科学地论证我国西南地区是茶树原产地的观点。

日本学者大典禅师在《茶经详说》中对“茶者，南方之嘉木也”所注释的是“生之南方之暖地”。这个南方，并不是指我国南方，而是指印度等热带地区。因为在中国东南部茶区，茶形状大致相似，但南部茶区与中部的茶在形状上有一些不同。所以很多学者将印度阿萨姆地区和中国海南岛附近一带视为茶的原产地，并以此向上迁移到中国的中部。

但是从植物学的角度进行科学论证，我国西南地区群山起伏，经地壳运动形成了川滇纵谷和云贵山原。历经 100 万年的变迁，山原上升，河谷下切，形成了许多小地貌区和小气候区。正是因为种种类似的原因，让我国西南地区发生了诸多地质与气候的变化，使茶树发生了变异。原来生长在这里的茶树渐渐迁移到了热带、亚热带、温带、寒带气候之中，并且这些茶树逐渐适应环境，演化成相应物种。这种物种迁移是经得起推敲的，茶树的演变是从最初的茶树原种演变成为了热带、亚热带型的大叶种和中叶种茶树，以及温带的中叶种及小叶种茶树，而不是从热带、亚热带的大叶种和中叶种茶树演变成为温带的中叶种和小叶种。原始型茶树生长比较集中在我国西南地区，那里才是茶树的原产地。

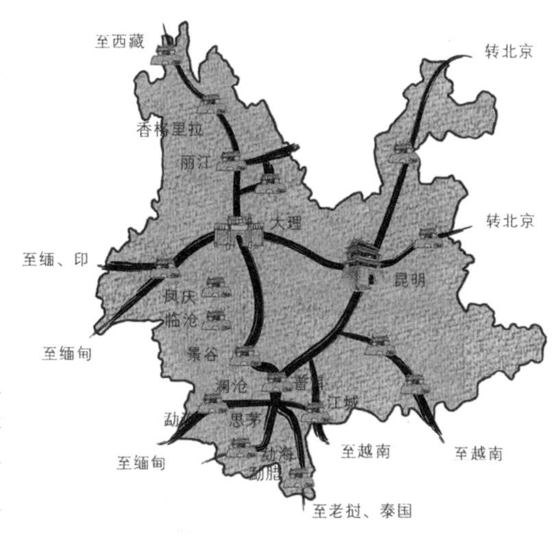

茶马古道路线图

智者一把壶，情传五千载：茶的历史

茶与神农氏有着深厚的渊源，据说，神农氏是茶树的最早发现者。

神农又是华夏太古三皇之一，传说中农业和医药的发明者，他教人医疗与农耕，被世人尊称为“药王”“五谷王”“五谷先帝”“神农大帝”等，为掌管医药及农业的神，不但能保佑农业收成、人民健康，更被医馆、药行视为守护神。

中国人自称“炎黄子孙”，这里的炎帝就是神农氏，是中华民族的始祖之一。中国人饮茶历史悠久，人们约定俗成地将茶叶被发现归功于神农氏，自他而始，据此为源。

相传，神农氏在森林中遍尝百草。某一天，他忽然觉得口渴难耐，便在一棵野茶树下烧水喝。此时，一阵微风吹过，将几片翠绿的野茶树叶吹落在水中。水烧开后，煮开的水呈现出微黄色，神农氏喝入口中，觉得神清气爽，于是茶就这样被发现了。

茶文化从一开始的认识茶，到逐渐了解茶的作用，到现在风靡世界的茶道，都是经过历代先人的不断实践，一步一步发展起来的。

远古时代，古人从野生的茶树上采下嫩枝，先是生嚼，随后是加水煎煮成汤汁饮用，这是最早的原始粥茶法。西周的时候，据《华阳国志》载，约公元前 1000 年周武王伐纣时，巴蜀一带的人已将茶叶作为“纳贡”珍品，这是将茶作为贡品最早的文字记录。茶文化发展到东周，据春秋时期《晏子春秋》载，此时的茶叶是作为菜肴汤料供人食用的。

春秋战国时期，此时的茶从煮成汤汁发展到了作为菜肴汤料，人们一般直接加水煮熟，然后配饭吃。秦统一六国后，茶文化进入到另一个阶段，四川盆地的茶树栽培、制作技术向陕西、河南等地传播，后逐渐沿长江中下游推移。西汉年间，《僮约》有“烹茶尽具”“武阳买茶”的记述，说明人们已经将茶叶当成商品进行贸易了。东汉，华佗在《食论》中说“苦茶久食，益意思”，说明了茶叶的药用作用，这是对茶叶有药用效能的首次记述。《三国志》中也记载了东吴君主孙皓“赐茶茗以当酒”的故事，这是“以茶代酒”最早的记录。

魏晋时期，西晋张载在《登成都楼》一诗中说：“芳茶六种清凉冠。”孙楚所作的歌中也说：“茶，巴蜀出。”可知在那时期，众人都已经将巴蜀地区作为茶树的发源地。东晋《晋书》上记载，谢安、桓温经常用茶果招待宾客。这说明，在当时以茶果待客已经普及，成为一种风气了。在南朝，这种风气更甚。南朝接近茶产地，于是几乎人人饮茶。不过在南北朝初期，茶依旧是作为贡品出现的。后北魏孝文帝实行汉化政策，从南朝归顺北朝的人日益增多，饮茶才普及开来。唐宋时期，饮茶已是日常普及之事。陆羽创造了一套茶学、茶艺、茶道思想，并写出了《茶经》，奠定了中国茶文化基础，这是一个划时代的标志。唐代茶业由陆羽《茶经》问世后日益兴盛，产茶地域遍及大江南北，茶的品种更是异彩纷呈。各地的茶叶生产、贸易迅速发展起来，唐代是茶文化发展的高峰期。此时，茶文化经僧人传到日本，对茶文化发展到世界产生了巨大影响。

饮茶在宋代依旧兴盛至极，就连宋徽宗也亲自撰写了一部《大观茶论》，他是中国历史上第一位以帝王之名论述茶学、倡导茶文化的皇帝。宋代，茶树种植的重心开始向南移，茶类也变化了很多。宋代“斗茶”之风大兴，影响十分深远，品饮方式是点茶法，很接近于我们现代的饮用方法。

元代时期，民间一般只饮散茶、末茶，而饼茶与团茶则一般是当成贡品。但是在元代，随着制茶技术的不断提高，出现了机械制茶。王桢在《王桢农书》中记载，元代某些地区采用水转连磨，利用水力带动茶磨碎茶的技术，大大提升了制茶效率。

明清时期，各地的茶叶贸易已很普遍。唐宋的饮茶方式是煎煮，而到了明清时期，已经演变成为泡饮，饮茶也由户内移至户外。明朝时期的“斗茶”之风比宋代更有过之，这是饮茶又一次大为风行。而在制茶方面也有所改变，明代大部分地区改为炒青，并开始注意成茶的外形，均把成茶揉搓成条索状。清代初期，政府允许人民自由种植茶叶。茶，已经发展成为人们日常不可或缺的用品。

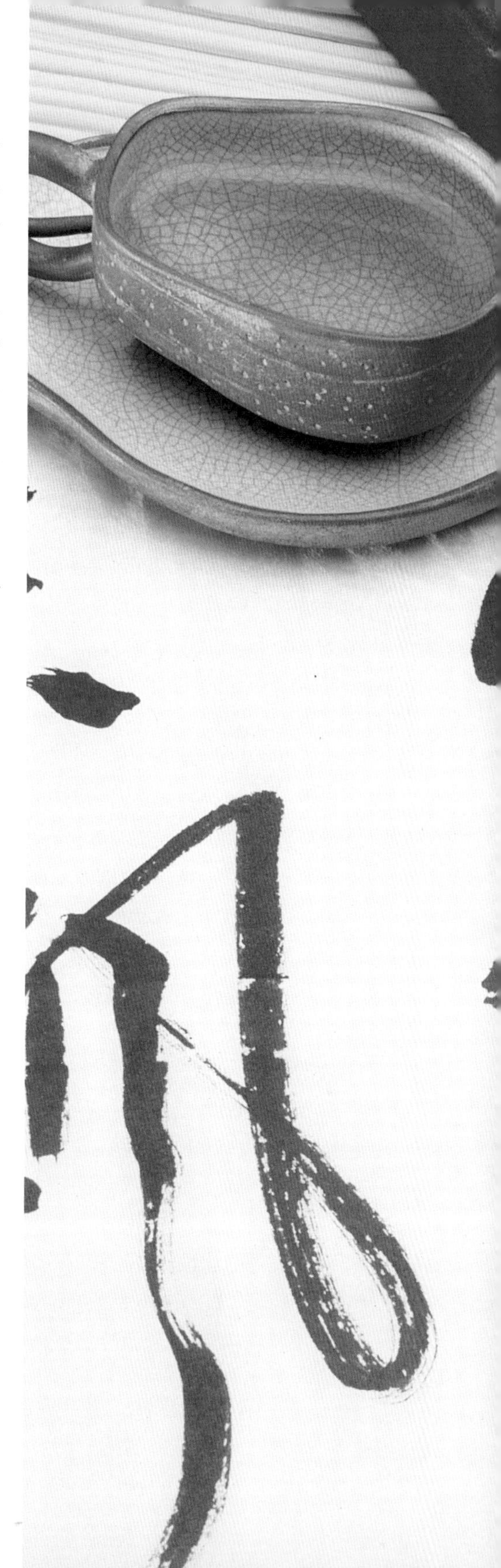

举世未见之，其名定谁传：茶名解读

现代书法家赵朴初所书“茶”字

茶的名字很多，但是在古代文献中，直接用到“茶”字的地方却几乎不可见。“九经（九部儒家经典的总称）无茶字，或疑古时无茶，不知九经也没有灯字，古人用烛为灯。”这是说，古代没有茶字，但是并不代表没有茶，是用“荼”作为“茶”的。

茶、槚、蔎、茗、荈

《茶经》：“其名一曰茶，二曰槚，三曰蔎，四曰茗，五曰荈。”

茶原名“荼”，可指“茶”和“苦苣菜”两种植物。但是茶叶生产发展迅速，“荼”字的使用频率也越来越高。所以，为了将茶的意义表达得更加清楚、直观，到了公元8世纪，人们把表茶义的“荼”字去掉一横变成“茶”。到了中唐时期，茶的音、形、义已趋于统一。后来，因陆羽《茶经》的广为流传，“茶”的字形进一步得到确立，直至今天。

“荼”字表示“茶”的意义最早的记载开始于《尔雅 · 释木》中的“槚，苦荼”。《诗经》中云：“周原膴膴，堇荼如饴。”公元2世纪，东汉许慎在其所著《说文解字》中述“荼，苦荼也”，这说明荼和槚是指同一种东西。而宋代徐铉等在《说文解字》一书中注述“此即今之茶字”。《康熙字典》记载：“世谓古之荼，即今之茶，不知荼有数种，惟荼，苦荼之荼，即今之茶。”从这里可知，“荼”就是指现代的“茶”，“茶”字是在“荼”字的基础上确定的。

茶字脱胎于“荼”，广泛被使用，还是受到了陆羽《茶经》和卢仝《茶歌》的影响。陆羽在《茶经》注中说“茶”字的出处来源于《开元文字意义》，但在当时，唐岱岳观王圆题名碑，都是用的“荼”字，所以，也并不是所有的人都在用“茶”字。而在这种新旧文字交替的时候，正逢安史之乱、藩镇割据等动乱时期，“茶”字想要确立自己的地位，其过程必定不顺利。所以，陆羽能够在《茶经》中将茶的形、音、义三者确定、统一，并让它能广泛流传开来，不能不说是他对茶学的一大贡献。

在以往历史上，“茶”字在统一其字体、意义之前有诸多称谓，虽然“荼”是正名，但古人在书中常用别称代替这种作物，所以有些名字往往并不专指茶树的茶，在一些史料中，古人特意将茶诗意化、雅赏化。

《神家食经》曰:“茶茗久服,令人有力,悦志。”东汉许慎的《说文解字》曰:“茗,茶芽也。”这说明,“茗”也是茶的代称,并且那个时候就知道茶可以作为药用了。如今的“茗”作为茶的雅称,也常常在文人学士的文章中可以看到。

《尔雅 · 释木》称:“槚,苦荼。”东汉许慎的《说文解字》和晋郭璞的《尔雅注》都对此作出了专门的注释。槚也是茶的代称,这也为众多历代史学家提供了可靠的依据。

西汉司马相如在《凡将篇》中,将茶称之为“荈诧”,并将茶列为药物。三国魏张楫的《杂字》曰:“荈,茗之别名也。”这也是茶的另外一种代称。晋代陈寿的《三国志》谈及吴王孙皓为韦曜密赐茶荈“以当酒”。

唐代陆羽在《茶经》中注解:“扬执戟云:蜀西南人谓茶曰蔎。”并将“茶”字标准的意思确立为“茶”,这也是对汉代扬雄在《方言》中所说的蔎的解释。扬雄曾任“执戟郎”,所以陆羽称其为“扬执戟”。

洛阳《伽蓝记》载:“……卿不慕王侯八珍,好苍头水厄……”这里的“水厄”,也是指代茶,可知在南北朝时,“水厄”二字已成为“茶”的代用语。

元·冯道壁画《童子侍茶图》

《辞源》曰:“丰富系本名,叶大,味苦涩,似茗而非,南越茶难致,煎此代饮。”“丰富”在这里应是茶的别称,或仅仅是指一种代用饮品,这里是说,茶的品类已经不止单独的品种了。

《诗经》云:“周原膴膴,堇荼如饴。”许慎《说文解字》:“荼,苦菜也。”在这里,“荼”是指茶与苦菜两种植物。

除了上述一些茶的代称之外,据考证,表示“茶”的名称还有“甘侯”“涤烦子”“不夜侯”“森伯”“清友”“馀甘氏”等等。

音弋奢反

有关“茶”的读音说法也很多,民间流传最广的说法是:神农氏的样貌很奇特,身材瘦削,身体除四肢外都是透明的,五脏六腑可以看得一清二楚。据说,当神农氏吃下茶叶时,发现茶叶在肚里到处流动,“查来查去”,好像将肠胃洗过一样,因此神农称这种植物为“查”(chá),后人则称之为“茶”。

当然,这只是传说。据史料记载,“茶”的读音在西汉已经确立。在西汉时,哀帝刘欣继位前的领地是现在的湖南省的茶陵,那时候俗称“茶”王城,是当时长沙国十三个属县之一,称为“茶”陵县。颜师古在《汉书 · 地理志》中注释:“茶”陵的“茶”,音弋奢反,又音丈加反。这个反切注音,就是现在“茶”字的读音。所以,

北宋 · 宋徽宗《文会图》局部

在西汉的时候，“茶”的读音就确立了，要比陆羽《茶经》确定“茶”字的时间早很多。

中国地大物博，民族众多，虽然在中唐时期“茶”字被普遍采用，但是由于语言和文字的差异，“茶”字读音差别依旧很大。长江流域及华北地区有“chá”“chái”“zhou”等音。而福建省福州地区发音为“tá”，厦门地区为“te”。广东省广州地区发音是“chá”，汕头附近发音近似于厦门的“te（tay）”。我国各民族地区“茶”字的发音差别更大，如瑶族叫“己呼”，苗族叫“忌呼”，贵州南部苗族叫“chuta”，傣族叫“lá”等。

而茶传播到国外，在读音上也有很大不同，一般的读法为 tcha、chá、tay 和 tee。英语中的“茶”字来自于中国厦门方言“te”（读作 tay），与汉语中的普通话是不同的。荷兰商人和中国人的早期在中国福建省的厦门港开展贸易往来，所以茶名在荷兰语中变为了“thee”。荷兰人把茶叶运到欧洲后，新产品的名字就成了我们所知道德语的“tree”，意大利语、西班牙语、丹麦语、挪威语、瑞典语、匈牙利语和马来语的“te”，英语的“tea”，法语中的“the”，芬兰语中的“tee”，朝鲜语中的“ta”，泰米尔语中的“tey”，斯里兰卡语中的“thay”以及科学术语中的“thea”。

明 · 丁云鹏《煮茶图》局部

茶传播的另外一条路线是葡萄牙人，广东方言中茶读音为“ch'a”，葡萄牙人在澳门从事贸易时，将此读音变为“chá”。另外，波斯语、日语和印地语中也读“chá”。但是在阿拉伯语中，这一读音发展成为了“shái”，藏语中成为“já”，土耳其语中成为“chay”，而在俄语中则为“chái”。

南方嘉木，妙手天成：茶之生态

茶，生于青山，长于幽谷，结庐林间，是一种影响深远的植物。它从唐人陆羽的《茶经》走出，传遍天下，饮尽山灵水秀，蕴含着无尽的人间风情。苏轼说：“从来佳茗似佳人。”茶如佳人，每每捧盏的时候，总会感觉在茶清雅的香气里，带着些许意想不到的意韵。

好的茶树，生长在气候温润、土壤肥美、光照适宜、空气清新、雾气蒸腾、山灵水秀的环境中，此等环境才能够养出佳茗。它遍取天地之灵气，集万物之精华，自然地在优越的生态条件下健康成长，并形成不同的种类，成为人类健康的饮品。

青青翠竹是法身，郁郁黄花即般若：茶之形态

“树如瓜芦，叶如栀子，花如白蔷薇，实如栟榈，蒂如丁香，根如胡桃。”茶树是由根、茎蒂、叶、花、果和种子等器官组成的。根、茎和叶的作用是用来吸收养料和水分，花、果、种子的作用是进行开花结果和种子的成熟。根是地下部分，其余为地上部分，两者合在一起，构成一棵茶树。

根如胡桃

“根如胡桃”。茶树的根在地下，由主根、侧根和须根构成。由种子的胚根垂直向下生长的根，称为主根，在主根上生长的统称为侧根。主根和侧根粗长，呈红棕色，寿命长，用来吸收土壤中的水分以及溶解在水中的营养物质，并将这些营养物质传输到地上部。

茶树根部贮藏的物质对更新复壮后枝叶的旺盛生长起着决定的作用。此外，根系深入土中，还具有固着和支持树体的功用，并兼有繁殖和更新复壮的机能。

蒂如丁香

“蒂如丁香”。此处“蒂”即为茎，茶树的芽发育成为茎，连接着茶树的各个部位，由种子胚芽、叶芽伸育形成。茶树茎一般分主干、主轴、骨干枝、细枝，直到新梢，随着茎的生长，茶的茎会呈现不同的颜色。茎的主要作用是将根所吸收的营养物质运输到叶、花和果实中去。此外，茎还有贮藏养分的作用。

花如白蔷薇

“花如白蔷薇”。茶花是两性花，由花萼、花冠、雌蕊、雄蕊等部分组成。花一般为白色，也有少数呈淡红色，花萼绝大部分呈绿色，外形近圆形。花萼一般由

5 ～ 7 个不同大小的萼片组成，花冠由 5 ～ 9 片大小不一的花瓣组成，呈椭圆形。雌蕊由子房、花柱、柱头组成，柱头分裂，一般分为三叉，并能分泌黏液，利于授粉。雄蕊可分为花丝和花药两部分，数目很多，一般有 200 ～ 300 枚。

叶如栀子

“叶如栀子”。叶子能够吸收阳光，用来提供茶树需要的能量，还能将能量积存下来备用，将多余的能量通过叶子散发出来。茶叶也是用来泡茶的主要部分，可制成各种茶或茶饼。

正常的茶叶指茶梢部分，有一芽一叶、一芽两叶、一芽三叶等。叶片的形状也有卵圆形、倒卵形、椭圆形、长椭圆形、圆形、披针形等。叶尖形状有长短、尖锐之分，分锐尖、钝尖、渐尖、圆尖等。人们通常把正常芽叶与对夹叶的组成比例大小作为判断同龄茶树生长强弱的重要依据。

果如栟榈

“果如栟榈”。茶树种子的果实为蒴果，成熟的时候呈绿褐色或者棕褐色，外种皮栗壳色，内种皮浅棕色，种胚两侧连接两片子叶。茶种子是用来繁殖的，一般是圆形或者半圆形，也是棕褐色或黑褐色。茶树种子由茶花受精至果实成熟，约需 16 个月，期间同时进行着花与果发育的两个过程。“带子怀胎”也是茶树的特征之一。

白云峰下两旗新，腻绿长鲜谷雨春：茶之环境

茶树同万物一样，其生长所需的生态条件为水分、土壤、光能、热量等。茶树喜温、喜湿、耐阴，这些条件对茶叶的品质有很大的影响。

上生烂石，中生砾壤，下生黄土

“其地，上者生烂石，中者生砾壤，下者生黄土。”陆羽将种茶土壤分为上、中、下三等。茶所需要的土壤，以烂石为最好，其次是砾壤，黄土是最不好的。

土壤是茶树生长的必备条件，茶树所需要的养分和水分都是从土壤中取得的，所以，土壤理化性质的优劣直接关系到茶树生长的好坏。茶树一般生长在酸性土壤中，所以“烂石”最为合适。“烂石”是风化较完全的土壤，其中有机质和土壤生物含量较多，酸性最好，适宜于茶树的生长发育。“砾壤”是指黏性小、含砂颗粒多的砂质土壤，酸性中等，所以土质也是中等。“黄土”是一种质地黏重、结构较差的土壤，酸性差。

笋者上，芽者次；叶卷上，叶舒次

茶树生长要求气候湿润、雨量充沛、云雾多，所以茶树适宜长于潮湿、多雨的环境。

温度决定着茶树酶的活性，进而又影响到茶叶营养物质的转化和积累。好的茶叶有以下标准：“笋者上，芽者次；叶卷上，叶舒次。”充沛的雨水能促进茶树的氮代谢，使鲜叶中的全氮量和氨基酸提高。此外，如果湿度很低，雨量少于1500毫米，就不太适宜茶树的生长。如果蒸发量不足、湿度太大时，茶树也极易发生霉病、茶饼

病等病症。年降雨量若超过 3000 毫米，蒸发量不及降水量的 1/3 ～ 1/2，就易诱发茶树病。

野者上，园者次

陆羽在《茶经》中指出，茶树生长的地形标准为“野者上，园者次”。一般野生茶叶品质好，茶园栽培的品质差。我国历代贡茶、传统名茶大多出自高山，还有许多的名茶都是以高山云雾命名，如浙江华顶云雾、江西庐山云雾、江苏花果山云雾、湖南南岳云雾等。这些都是因为茶的好坏深受地形的影响。如果能造就适宜茶树生长的生态环境，平地照样也能生产出优质茶。

阳崖阴林，阴山坡谷

茶品质的好坏，光照是很重要的条件。光照以弱光为宜，这对改善茶叶的品质十分有利。陆羽在《茶经》中就提出了“阳崖阴林”“阴山坡谷”两种不同的地理环境，这两处光照条件完全不同。“阳崖阴林”是指阳光充足，并有树木遮阴的地方，这种地方最适合茶树栽种；“阴山坡谷”是指没有光照的地方，这种地方的茶树不宜于采摘，其性凝滞，饮用后，人的腹中易结肿块。

热血添红飞紫绿，精神永励种茶人：茶之栽培

茶树的栽培方式有两种，分别是茶种繁殖和茶苗移植。在陆羽的《茶经》中说“艺而不实，植而罕茂，法如种瓜，三岁可采”，指的是“艺”和“植”。这两种方式也是有要求的：“不实”是指土壤没有松实兼备；“罕茂”是指茶树很少生长得茂盛。这就是说，在这两种情况下，可以按照种瓜的方法去种茶。

“三岁可采”是指茶树种植三年就可以采摘了。现代茶树多种植在南部低纬度地区，不需要三年的时间，利用技术手段等就可以快速催熟。

艺而不实

茶种适合在大面积的茶园种植，方式比较简便，易于掌握，在前期也不需要很精细的耕作。不过，茶种播种前也要做好充分的准备，种子要先进行筛选，以霜降前采收的最好；播种时可选用冬播和春播，

冬播可以省去茶种的贮存工作，春播不要超过3月底，否则会影响出苗率和茶苗生长。

播种的深度也有要求，过深或过浅都不符合要求，以3～5厘米为宜。如果深了，长出来的高度达不到正常水平，成活率也大大降低。此外，播种的数量也有要求，每穴都不要播种过多，多了茶种会挤出来，影响茶树的生长；但是也不能过少，少了会影响出苗期和出苗率。每穴适宜播种4～5粒，要保证茶种均匀放在穴内，不要紧挨。

植而罕茂

茶苗的移栽要考虑三方面的因素：移栽时期、苗龄、移栽技术。

移栽时期，茶苗地上部休眠期进行移栽容易成活，所以在晚秋和早春进行移栽是最适合的。霜降前后移栽，成活率比较高。早春移栽的话，时间掌握在惊蛰到春分期间，不要太迟，否则也会影响成活率。因为早春或者晚秋有可能会是旱季，移栽不容易取得理想效果。

移栽茶树时还要看茶树的苗龄，一般选用两年的茶苗比较好，一年生的苗木以2厘米以上为好。

移栽时，最好带苗土，可以尽量少伤到苗木主根，或者可以在苗木的根部用黄泥封好，防止茶苗失去水分。移栽时，每穴放入健壮的茶苗2～3株。苗与苗不要靠拢，稍稍分开，让茶树根系自然伸展，然后填土。土与泥面持平即可，不宜过深或者过浅，随后浇水，要浇透整个松土层，再继续填土到根茎处压实。

六腑睡神去，数朝诗思清：茶之功效

茶的最早功效记载，就是作药用。《神农食经》载曰：“茶茗久服，令人有力，悦志。”由此可见，早在五千年前，古人就发现了茶的药用价值。

茶的药用价值的另一个传说例证是《神农本草经》：“神农尝遍百草，日遇七十二毒，得茶而解之。”神农通过对茶叶的细细观察，发现了茶的药用功效，从此茶就成为解毒的特效药。

神农以后，茶也常常被当作药物使用。古代医学典籍中，茶作为单方或复方入药颇为常见。唐代有“茶药”一词，陈藏器将其称为“万病之药”。宋代林洪撰《山家清供》里面也有“茶，即药也”的说法。明代李时珍的《本草纲目》记录茶的药理：“味虽苦而气则薄，乃明中之阳，可升可降。利头目，盖本诸此。”

茶的诸多功能，都能够在古代医学典籍中找到。《新修本草》中的“利小便”“去痰”等，这些是从茶的药性方面说的；另一方面，对于茶能够针对什么病，也有很多的记载。茶作为药方，其功效十分明显。从古今典籍上面整理的茶的功效如下：

· 少睡：兴奋神经中枢，消除疲劳。

· 安神：安定精神。

· 明目：明亮双眼，治疗眼病。

· 清头目：治疗头痛。
· 止渴生津：消除口渴，增加唾液。
· 清热：清除内热。
· 消暑：消夏、去暑。
· 解毒：对抗药物麻醉和毒害。
· 消食：帮助消化。
· 醒酒：解除酒醉，抵抗酒精。
· 去肥腻：去除油腻。
· 下气：促进肠胃蠕动而排泄气体。
· 利水：能利尿，增强肾脏的排泄功能。
· 通便：利于排泄大便。
· 治痢：治疗痢疾及其他。
· 祛痰：帮助排痰或祛除生痰病因。
· 祛风解表：疏散风邪、疏表。
· 坚齿：防龋健齿。
· 治心痛：调节心搏，抑制动脉粥样硬化，防治冠心病。
· 疗疮治瘘：辅助治疗瘘疮。
· 疗饥：缓解饥饿感。
· 益气力：增强体力。
· 延年益寿。

贰之具

一甑微蒸，筐箔薄摊

籯，一曰篮，一曰笼，一曰筥。以竹织之，受五升，或一斗、二斗、三斗者，茶人负以采茶也。

灶无用（窔）者，釜用唇口者。

甑，或木或瓦，匪腰而泥，篮以箄之，篾以系之。始其蒸也，入乎箄，既其熟也，出乎箄。釜涸注于甑中，又以谷木枝三亚者制之，散所蒸芽笋并叶，畏流其膏。

杵臼，一曰碓，惟恒用者佳。

规，一曰模，一曰棬。以铁制之，或圆或方或花。

承，一曰台，一曰砧。以石为之，不然以槐、桑木半埋地中，遣无所摇动。

檐，一曰衣。以油绢或雨衫单服败者为之，以檐置承上，又以规置檐上，以造茶也。茶成，举而易之。

芘莉，一曰籝子，一曰筹筤。以二小竹长三赤，躯二赤五寸，柄五寸，以篾织方眼，如圃人土罗，阔二尺，以列茶也。

棨，一曰锥刀，柄以坚木为之，用穿茶也。

扑，一曰鞭。以竹为之，穿茶以解茶也。

焙，凿地深二尺，阔二尺五寸，长一丈，上作短墙，高二尺，泥之。

贯，削竹为之，长二尺五寸，以贯茶焙之。

棚，一曰栈。以木构于焙上，编木两层，高一尺，以焙茶也。茶之半干升下棚，全干升上棚。

穿，江东淮南剖竹为之，巴川峡山纫谷皮为之。江东以一斤为上穿，半斤为中穿，四两五两为小穿。峡中以一百二十斤为上，八十斤为中穿，五十斤为小穿。字旧作钗钏之『钏』，字或作贯串，今则不然。如磨、扇、弹、钻、缝五字，文以平声书之，义以去声呼之，其字以穿名之。

育，以木制之，以竹编之，以纸糊之，中有隔，上有覆，下有床，傍有门，掩一扇，中置一器，贮煻煨火，令煴煴然，江南梅雨时焚之以火。

工欲善其事，必先利其器：采制茶具

《茶经》罗列出了二十八种唐代饼茶生产所用的工具，现代茶的制作方法依旧可以从这些古器具中找出传承的痕迹。制茶的方法一代传一代，流传下来已经大有变化。但是，茶饼的采制与品质鉴别却是深奥质朴，一直都没有改变。

织似波纹斜：采摘工具

古人对采茶十分讲究，为了保证茶的品质，还专门使用了采茶工具，叫作“籯”。

籯

《汉书 · 韦贤传》中说：“遗子黄金满籯，不如一经。”这里的籯是指箱笼一类的竹器，并不是指采茶茶具。陆羽的《茶经》记载：“籯，一曰篮，一曰笼，一曰筥。以竹织之，受五升，或一斗、二斗、三斗者，茶人负以采茶也。”这里的籯才是采茶工具。

上千年以来，籯一直是我国最普遍使用的采茶工具。籯又称篮、笼，用竹编制，容量5升（古代计量）左右，通风透气，可以避免鲜叶叶温升高变质。采摘的时候，手提背负，或者系在腰间。《茶经》中陆羽将其放在茶叶制造工具的首位，并将其专用于采茶。

幽香入茶灶：蒸茶工具

采茶之后，就要进行茶的制作。蒸茶的诸多器具，主要是用高温的方法将茶中的水分蒸发出来。利用这些工具，可以使茶变软、成型。

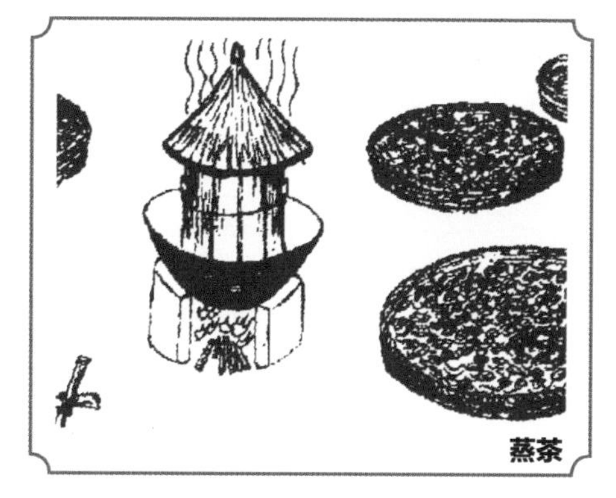
蒸茶

灶

灶：土制，没有烟突的土灶。

这里的“没有烟突”是指不过分通气。陆羽强调没有烟突，是因为在临时性建设起来的灶上蒸茶，如果造有烟突，必然通风流畅，松柴热量会随着烟突很快消散，对蒸茶有很大的影响。无突的灶，柴口要大，柴木也要上好的。在蒸茶的时候，尽量把蒸具密封起来，做到“高温短时”。如果灶建设不好，灶内温度很快就会降低，也不利于煮水、蒸茶。

甑

甑：木或瓦制，圆筒形、箍腰并涂泥的蒸笼。

甑是用来蒸茶的用具，与鬲通过镂空的箅相连。甑用来放茶，利用鬲中的蒸汽，将放置其中的茶蒸好。甑一般是圆形，蒸隔时用篮子装，不选用平板式，便于取出茶叶。蒸锅的芽叶，要用叉翻动，帮助茶散热，可以防止茶叶色变黄。制作出来的茶，茶汤不会浑浊，香气也不会降低。古人的这些设计既巧妙又实用，非常符合饼茶的生产实际。

釜

釜：可视为“锅”的前身。

陆羽所说的“釜”，是指带有唇口的铁锅，圆底而无足，安置在炉灶上，也可以用其他东西来作为支撑。带有唇口的锅，便于水干时加注水。在蒸茶的时候，要用泥将锅与蒸笼的连接处封住，防止漏气。同时，如果锅没有唇口的话，在蒸茶过程中就得将蒸笼打开，从顶部加水，这样，蒸汽就会随之大量散失。

茗香出芘莉：成型工具

将茶蒸好之后，就要对茶叶进行成型了。成型的工具有很多，每一种都有其用途，将这些工具配合起来，自然而然地就形成茶饼了。

芘莉

芘莉：是竹制的像盘子一样的东西，又叫籯、筹筤。

芘莉用两根约 2.5 尺（约 83 厘米）长的竹竿作躯干，中间用篾编织成类似筛子一样的形状，用来放置茶饼，另外一小部分作为手柄，便于用手持好。将印好了的茶饼排列在有孔的芘莉上，利用竹竿之间竹篾织成的方眼来散发水分，使其自然干燥。

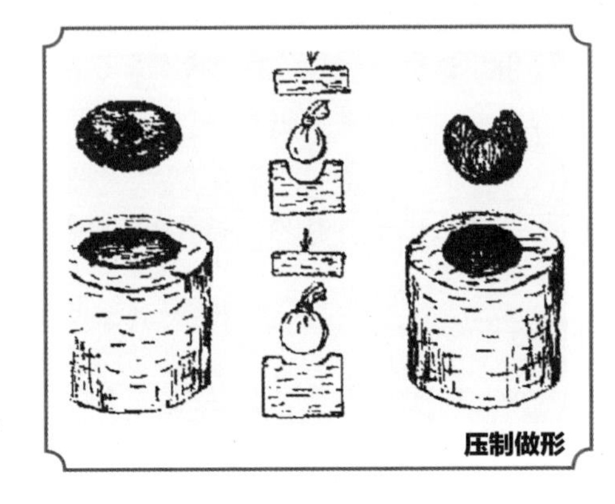
压制做形

规

规：又叫模、棬，用铁制成方形、圆形、花形的模具。用来放在襜上制造茶饼。

无规矩不成方圆，茶饼的成型是用规来进行的。拍茶的时候，用规来紧压茶饼，可以有圆形、方形、花形等不同的形状。

襜

襜：又叫衣，用油绢或旧雨衣、单衫制成。

制茶时，把襜放在承上面，然后再把模子放在襜衣之上，用来制造茶饼。

承

承：又叫台、砧，用石块或槐木、桑木制成。

承有在下面接收、托着的意思。在拍茶的时候，用来拍的工具都是放在承上面的。承用来放置模具，所以最好厚实稳定、不容易动摇。

杵

杵：用来捣茶的木棒。

杵是棒的一种，两端粗中间细，用手握中间，用两端粗的部分捣茶。捣茶时，每一次的动作都保持统一，适时翻动茶团。

碓

碓：木、石制成的，用于捣烂茶叶的脚踏驱动的倾斜的杵子，落下时砸在石臼中。

臼

臼：石头或木头制成，中间下凹的碎茶器具。

杵臼经常合在一起用，捣茶的时候，将茶放在臼中，用杵捣碎。杵臼原本是舂稻或药物的工具，这里捣茶用的杵、臼来源于脱粟的木杵和石臼。据说，黄帝发明了杵臼，他“断木为杵，掘地为臼”，并且教人们用杵臼来脱谷皮。这里陆羽也用杵、臼来进行捣茶。杵臼是人们必备的农用器具，选久用的自然好一点，不会损坏茶性。

杵臼

入焙火微温：干燥工具

茶在成型之后，并不是已经完成，还要对茶饼的水分进行干燥，即进行烘焙。烘焙其实是在蒸茶之后，将茶的水分进一步蒸发的过程。

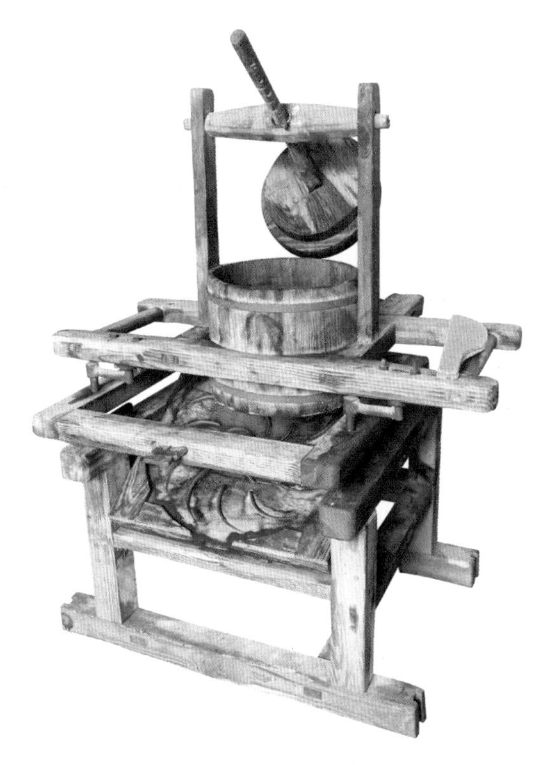

棨

棨：又叫碓刀，用于茶饼穿孔。

棨是指有黑色丝衣的戟，在这里是指形状如戟，用来穿插的锥刀。古时候的茶，要用棨来对茶进行穿孔，方便后面将茶穿起来。

贯

贯：竹制的用来穿茶烘焙的工具。

贯主要是将茶穿起来，然后放在串架上面烘焙。

焙

焙：焙茶用的土窑。深 2 尺（约 66 厘米）、宽 2.5 尺（约 83 厘米）、长 1 丈（约 3.3 米），上面垒一矮墙并涂上泥。

焙就是用火烘烤，将茶穿好后，放在棚上烘焙，蒸发掉茶的水分。

棚

棚：又叫栈，高 1 尺（约 33 厘米），是在焙上做的两层木架，用来焙茶。茶半干时放在下层烘焙，全干时移至上层。

烤茶用的棚是竹木搭成的架子，在上面放置穿好的茶饼，然后再进行烘焙。

朴

朴：又叫鞭，用竹制成。

朴一般是由软性的小竹制成，用来穿茶饼，便于解开，可以防止茶饼黏结，也便于搬运。

育

育：成品茶的复烘工具。

育是用木制成的框架，编上竹篾，糊上纸的双层箱子。设计成箱子的目的，主要是用来复烘的，在双层箱子的下面放火盆，用没有火焰的弱火烘焙上面存放的茶。用育可以防止茶饼受潮。

削竹帘漫卷：计数工具

茶饼干燥后，要对茶饼进行清算，为了方便将穿好的数目进行统计，同时便于交易。

穿

穿：用竹或榖树皮制成的绳索，穿茶计数的工具。

这里的“穿”不是动作，而是用来计数的工具。用绳索一类的工具，将茶穿起来。在淮南，“穿”用竹子编成；在峡中，“穿”用构树皮搓成。

幸蒙中笥藏：封存工具

并不是所有的茶叶制作好了，当时就全部都用来泡茶，通常都会存放很长时间，所以需要封存好。保存好茶也需要有相应的方法。

育

育：除了用来复烘焙之外，还是用来封存的工具。

育用木制成的框架，在外面用纸封好，可以用来封存。另外，里面用文火烘焙，也是用来保护茶不受潮的方法。

观今宜鉴古，无古不成今：现代采制茶具

今时今日的茶，在制作程序上同样分为采茶和制茶两个过程。但是随着科技的迅速发展，今日的采茶、制茶与古时有了很大的不同，多了很多工具。采茶有采茶镰刀和采茶机等工具。制茶过程中的每一种制茶工具，在古时的方法之上，都有了很大的进步。

采茶工具

采茶一般分为手采和割采。手采是指用手采摘，而割采则是指用工具采摘。两者各有好处。手工采摘的茶芽叶比较完整，没有杂叶，不含茶梗，采摘的茶叶品质比较高，因此制作出来的茶香气自然也好，也更持久，比较原汁原味，要比一般的割采的品质好上不少；割采在这些方面都比不上手采，不过在当今茶需求量大幅度上涨的情况下，供不应求，所以很多地方已经改用割采了。割采有较高的工作效率，大规模地采摘后，可以满足市场的需求。割采制作出来的茶叶也分上、中、下三等，使用采茶工具在如今的茶叶采摘方面已经十分常见。

采茶工具一般有采茶铗、采茶镰刀、月形小铁刮刀和采茶机等。

采茶镰刀

采茶镰刀是最常用的采茶工具，采茶铗和采茶镰刀以及月形小铁刮刀都属于手工采摘的补充工具。使用这些工具可以大大提高采摘速度。据调查，一把采茶铗在高产茶园一天可采 100 多千克鲜叶，在一般茶园一天可采 50 多千克鲜叶，比一般手工采摘效率提高 1 ～ 2 倍。

另外，采茶铗等工具主要是握在手中，与眼配合一起使用，在掌握了工具的技术要领之后，不论在芽叶的完整率方面，还是对茶树的留养方面，都比手采的好，效率也比较高。

采茶的季节也十分有讲究，想要获得良好的茶叶，就要适时采摘。利用这些工具，比手工采茶容易抓住农时，这对保证茶叶的质量和数量都有很大的好处。

采茶镰刀价格并不高，但是实用价值却很高。一般而言，购买一台采茶机在小面积种植茶园中并不划算，质量不好不说，就是效益也不见得有采茶镰刀好。采茶镰刀的适用性还非常广泛，不需要懂得机械操作就能用，普通人都能够轻易地掌握使用方法。

采茶机

在需要掌握农时的情况下，对茶进行采摘，是一项非常费成本的劳动，需要耗费大量的时间。随着市场经济的发展，采茶机的出现给大面积采茶提供了方便。

采茶机主要是以往复切割的方式来采茶，用切割器和集叶装置不断地进行采摘，将采下的茶叶在风机或扫叶轮作用下送入集叶袋。这样采摘的茶质量并不是很好，芽叶完整率不是很高。从目前情况来看，机械采茶对茶叶的质量有一定的影响。不过采茶机启动轻便，操作简单，适用于范围较大的茶叶产区，在经济效益与茶叶质量要求不高的情况下可以考虑使用。

制茶工具

制茶工艺随着时代的发展，已经有了很大的提高。现代制茶工业，除了少部分特制茶以外，其余的基本都采用机械来制茶了。

烘干机

烘干是茶叶初制的最后一道工序。传统手工烘干是采用轻搓、轻炒的手法，让茶叶达到固定形状、继续显毫、蒸发水分的目的。用烘干机也能够很好地实现这一目的。

利用烘干机烘干，能够进一步散发茶叶多余的水分，茶叶在热作用下，所含物质也能进行热化学变化，如多酚类化合物的自动氧化、糖类的焦糖化，形成焦糖香，增进香气和滋味，让茶叶干燥后便于贮藏。

烘干采用“低温慢焙”的方法，一般分两次进行。第一次茶农称为“走水烘”，烘到茶叶受热后茶团自然松开的程度即可。此时，茶叶八九成干。下烘散热摊凉，使茶叶内部水分向外渗透。第二次称为“烤焙”，此次烘干烘至茶梗手折脆断的程度，此时茶叶气味清纯，可立即下烘。

经过一次次的揉捻、团捻及热力的烘焙后，茶叶水分也慢慢消散，外形逐渐紧结。

摇青机

传统的手工筛青是用筛青筛进行的，而现代摇青则是用摇青机进行摇青。除了铁观音仍然用手工筛青之外，其余的茶普遍采用了摇青机摇青。其原理是利用摇青机与叶子之间产生摩擦，破坏茶叶细胞组织，将青气散发。摇青过程与次数和手工筛青是一样的。现代摇青机一般为竹制滚筒式长筒筛。根据滚筒式摇青机的容积，每次装入量可以占装机容积的 40% ～ 50%，让叶子充分跳动。

摇青这一步骤对于不同季节、气候、品种、老嫩以及筛青程度都有自己的要求。厚叶多摇，薄叶轻摇；鲜叶嫩水分多的少摇，鲜叶粗老的要多摇；晒青轻则重摇，晒青重则轻摇；气温低湿度大的气候要重摇，夏季要轻摇；南风天轻摇，北风天重摇。做到“春茶消，夏暑皱，秋茶水守牢”。

杀青机

手工炒青是用手在锅里面炒，而杀青机炒青则是把青叶投入杀青机中，迅速提高叶温，破坏和钝化鲜叶中的氧化酶的活性，抑制鲜叶中的茶多酚等的酶促氧化，使青气蒸发。蒸发后的茶叶变软，便于揉捻成型。用杀青机来杀青十分方便，可以保持恒温在 160 ～ 180℃，并且可以随意调整温度，这方面比手工要强很多。但对于茶叶的杀青程度，仍需要相当多的经验。

炒青的方式有炒青、蒸青、泡青、辐射杀青。在杀青过程中，应掌握“高温杀青、先高后低；老叶嫩杀、嫩叶老杀；抛闷结合、多抛少闷”的原则，也有“适当高温，投叶适量，翻炒均匀，焖炒为主，扬炒配合，快速短时”的原则。

揉捻机

揉捻与干燥通常是配合着进行的，通过揉捻，保持茶叶纤维组织不被破坏，保证茶的品质，使茶形成紧结弯曲的外形，对于改善茶的内质也有很大的好处。

揉捻可分为热揉和冷揉。热揉是指杀青叶不经过摊凉就进行揉捻。这个过程中，茶团的温度高，容易造成闷黄味，影响茶叶的色泽和香气，所以时间要快速，尽快让茶叶基本成型。

叁之造

摘鲜焙芳施封裹，至精至好且不奢

凡采茶，在二月、三月、四月之间。茶之笋者生烂石沃土，长四五寸，若薇蕨始抽，凌露采焉。茶之芽者，发于丛薄之上，有三枝、四枝、五枝者，选其中枝颖拔者采焉，其日有雨不采，晴有云不采。晴采之，蒸之，捣之，拍之，焙之，穿之，封之，茶之干矣。茶有千万状，卤莽而言，如胡人靴者蹙缩然，犎牛臆者廉檐然，浮云出山者轮囷然，轻飚拂水者涵澹然。有如陶家之子罗，膏土以水澄泚之。又如新治地者，遇暴雨流潦之所经，此皆茶之精腴。有如竹箨者，枝干坚实，艰于蒸捣，故其形竹丽簁然；有如霜荷者，至叶凋，沮易其状貌，故厥状委萃然，此皆茶之瘠老者也。自采至于封七经目，自胡靴至于霜荷八等，或以光黑平正，言佳者，斯鉴之下也；以皱黄坳垤言佳者，鉴之次也。若皆言佳及皆言不佳者，鉴之上也。何者？出膏者光，含膏者皱，宿制者则黑，日成者则黄，蒸压则平正，纵之则坳垤，此茶与草木叶一也，茶之否臧，存于口诀。

“晴采之，蒸之，捣之，拍之，焙之，穿之，封之，茶之干矣。”陆羽在《茶经》中将茶的采制工序统一概括成采摘、蒸茶、捣茶、拍茶、焙茶、穿茶、封茶七道工序，世称“七经目”。

摘鲜焙芳旋封裹：采制七经目

成书于明朝万历年间的《农政全书》里记载，采茶的时间最适合在四月。嫩茶对人有益，过于粗糙的茶不宜饮用。如果采摘、制造、贮藏不讲方法，碾细煎煮又没有把握好分寸，即使是建茶、浙茗，也只能成为很平常的品种。由此可见，古代对茶叶的制作方法是非常讲究的。

陆羽《茶经》中将唐代饼茶制造归纳为采摘、蒸茶、捣茶、拍茶、烘茶、穿茶、封茶。

采摘：茶的采摘有一定的标准，趁着露水采摘的最好。采摘时，选那些长得修长挺拔的，芽叶有三、四、五枝新梢的采摘。

蒸茶：茶叶采摘下来后，就要对茶叶进行蒸茶，也就是杀青。杀青一般在密封的状态下进行。

捣茶：杀青后，要进一步捣茶。一般会用杵将杀青后的茶叶放进臼中进行舂、砸，使茶叶片碎烂。

拍茶：拍茶是茶叶的成型过程。将茶叶捣后，利用规、承等工具，对茶叶进行装模和紧压，使其成型。

焙茶：茶叶初步成型后，就要进行烘焙。烘焙分为初烘和复烘。

穿茶：古时会将烘干的茶饼穿好，以便于茶饼的计数。

封茶：封茶是最后一步，将制成的茶叶进行复焙，利用工具封藏起来，便于长久保存。

此外，除了陆羽《茶经》中的七经目之外，还有一些穿插在其中的环节，如解块、装模、列茶、穿孔等。茶叶采摘、蒸茶之后，就要进行解块，充分散发茶里面的热量。在捣茶的时候，同样需要进行装模，拍压好了之后要出模，然后进行列茶和穿孔。这些环节在古代制作茶饼的过程中非常有必要。即使是在现代茶的制作过程中，一些工序仍然起着连接与辅助作用。

解块：在蒸茶后，要将茶充分散热，这个过程就称为解块。解块的过程是利用叉将蒸过的芽叶进行翻动、散热，目的是为了防止叶色迅速变黄及冲泡时茶汤变得浑浊、香气沉闷。

装模：在拍茶之前，需要在规承上将蒸完捣好的茶叶装进规内。

出模：拍压后，茶饼成型，需要将茶饼取出来，冷却之后形状就固定了。

列茶：茶饼成型后，将成型的茶饼倒出来，排列在芘莉上，让其自然挥发水分，干燥。

穿孔：茶饼成型后，为了方便计算与携带，需要穿孔。

另外，在穿孔与烘焙之间，还有“解茶”部分，将茶饼解开，便于运送；“贯茶”部分，用贯把茶饼穿起来，进行烘焙。

采

陆羽《茶经》中记载的采茶工具是籝。籝在唐代之前，只是一种竹器，并不专用于采茶。陆羽《茶经》问世以后，为了适应唐代饼茶制作的需要，就产生了专门用于采茶的籝。

籝是一种竹篮，因为我国大部分地区都产竹子，用竹子制成的篮子，不仅取材方便，制作起来简便易行，而且价廉物美。用竹子做成的籝，有很多其他器具所没有的优点。它通风透气，可以避免茶叶在器具中堆积，导致温度过高而影响茶的品质。此外，竹子编制的篮子，重量比较轻，采摘茶叶时，用手提着或者系在腰间，方便又省力。《茶经》中，陆羽将籝放在茶叶制造工具的首位。

《茶经》：“籝……茶人负以采茶也。”在这里，陆羽说的是将竹篮背着采茶。其实在这之前，已有人将竹篮系在腰间。唐代诗人皮日休在《茶人》中说：“腰间佩轻篓。”无论是陆羽的“负”，还是皮日休的“佩”，这两种采茶方法都是古人最常用的。背负着采茶，说明地形比较复杂，茶树的生长高度也比较高，用背负的方式可以省去上下攀爬导致竹篮不稳之苦。而用“佩”的，一般是说，在茶区行走一马平川，将竹篮系在腰间，采摘起来也比较方便。另外，茶饼的原料多是采自茶芽的嫩梢，所以竹篮应有足够大的体积，以确保茶叶的新鲜度，使鲜叶不受挤压。

手工采摘茶叶的优点是能够保证茶的品质，但是比较费工费时。采摘茶叶也有一定的时间限制，出芽生发的季节，采下的茶质量最好，过时则品质会大打折扣。所以，现代采茶一般采用人工与机械相结合，在提高采茶效率的同时，又保证了茶的品质。

蒸

蒸茶的工具比较多，过程也比较复杂。古代的蒸茶工具主要有灶、釜、甑、箄、叉，共五种。

陆羽《茶经》中对灶有很高的要求。前面讲到要用“无突”的灶，进柴口要大。在蒸青的时候，选用松柴。烧火时，灶内火势要大，但不需要通风，这样避免热量迅速消失。

在进行蒸青时，尽可能地把蒸具，也就是釜、甑、箄密闭起来，达到最好的效果。所以，陆羽提到的锅，也要用带有唇口的锅，在加水的时候，不需要完全揭开锅盖，导致蒸汽流失，从唇口加水便可。

锅与蒸笼之间还需进一步用泥封住，防止漏气。蒸茶时做到“高温短时”，迅速提高蒸汽温度，抑制茶的酶性氧化。将蒸青的茶叶从锅中拿出来之后，就要解块，避免茶叶变黄，所以用叉将茶叶翻动，快速散热。

陆羽的这些设计巧妙又实用，用这样的方法制茶，可以大大提高茶的品质。

蒸过的茶芽，含有诸多水分，叶温很

摇青

凉青

揉捻

高。蒸茶不熟的表现为：茶叶色发青，有草木“桃仁”的气味。过熟的表现为：茶叶发黄，表面皱纹大，味道淡。味道甘甜、香气浓郁，才是蒸青成功的好茶。

解块的程序在制茶过程中也十分重要，就算是蒸青过程成功，但是如果解块不及时，也会导致茶叶品质下降。蒸青后，茶叶温度很高，并且渗出的叶汁与茶芽粘在一起，必须通过翻动来解茶块、散热。茶叶经过结块翻动后，水分会随之蒸发。水分减少，温度也会随之降低，茶叶中的汁液就能得到保留。摊凉关乎成茶的品质，是非常关键的一道工序。

捣

茶叶经过蒸青后，就要开始制茶了。初步制茶过程是要对茶进行捣碎，然后制成茶饼。古代捣碎用的工具是杵臼。

杵和臼原本是用来舂米的工具，也叫作捣药罐，制茶工艺里则用来捣茶。唐代饼茶是一种压制茶，选用原料比较粗放。茶叶在蒸青后，带有茶梗子部分的茶叶可能未蒸透，茶里面的汁液也未蒸出，所以用杵臼可以将它们捣烂，让里面的茶叶汁充分流出。

古时捣茶，可以分为单人和双人。将蒸青过的茶叶倒入干净的石制或木制臼中后，便可以开始捣茶了。茶叶量不要超过臼容量的 1/2，以免茶叶捣烂不均匀。单人捣茶时，抓牢木杵，用力向下砸，提起杵的过程中要用力，下砸的时候更需要用力，但是需要抓住捣茶的节奏与用力的均匀。每砸过一段时间后，就要将臼里面的茶叶用干净的器皿翻动一下。如果是双人捣茶，那么两个人的捣茶节奏要保持一致，力量也要均匀，每次砸下的间隔时间也要同步，这样捣出来的茶才好。

古时，除了用杵臼，用碓也可以捣茶。用碓省时又省力，效率更高。碓的使用一个人就够了，使用方法和现在农家的舂米一样。将器具摆放好，一个人用脚踩在上面，驱动碓上面的锤子落下砸在石臼中。碓使用原理很简单，用脚踏下的时候就能够使木锤抬高，松开脚的时候，锤子就砸下，利用木锤的自然重量进行捣茶，连续多次，直到将茶团捣成糊状为止。所以相对于杵来说，碓会省力许多。但它的缺点是不够灵活，只能在固定的地点进行捣茶。

唐代之后，宋代有了专用的捣茶工具——茶臼。作用也多了很多，除了有“捣”外，还有“榨”“研”“磨”等作用，操作方式也比唐代有了很大变化。

拍

拍茶是用来形成茶饼。捣茶之后“拍”的过程，就是将捣过的茶团装入模子里进行坚实拍压，使其成型。拍茶也是制茶的必要过程。拍茶的工具有规、承、襜、芘莉等。

拍茶的方法很简单。首先，要选用十分干净、没有异味的襜，也就是干净的衣或者油绢，铺放在承上，然后再把模子放在襜衣上，这是准备工作。铺放襜衣的时候，

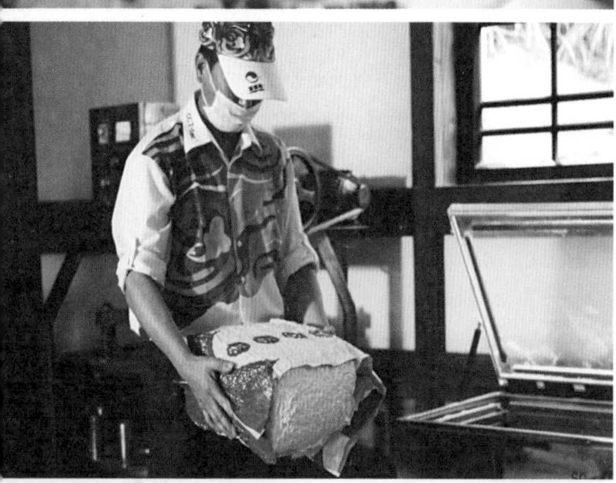

要尽量平整，使其不容易滑动。

然后就可以将茶放入规，也就是模中，注意要填满，然后用力压实，如果填充得不满，茶饼就会变形或者松散，品质不好。茶饼以与模相平为最佳。

接下来就是拍茶了。拍的动作不是“压”“榨”，所以模具里面的茶坯不会压得很实。《茶经》中“蒸压则平正，纵之则坳垤”说的是拍茶的动作，就是用手压实，压的力量不需要很大。

茶饼压好之后，再用芘莉进行列茶摊放，用来散热。将压好的饼茶取出来，此时的茶饼因为拍茶过程，茶的表面还会有湿润的水分，所以将茶饼列放在有孔洞的芘莉上，散发掉水分，茶饼就会更加自然凝实。

通过规承制作出来的茶饼有各种不同的形状，如圆形、方形、花形等。这说明在唐代的时候，茶饼就十分讲究造型。我们现在所喝的茶种，也有茶饼，如普洱方砖、七子饼茶、圆筒茶等，都是用拍茶工具制作出来的。

焙

“烘焙”就是在自然晾干茶饼后，进一步对茶饼中的水分进行干燥，让水分完全蒸发。烘焙过程中用到的工具有焙、贯、棚、朴、育等。

在茶饼进行自然摊晾后，茶叶冷却下来，但是此时茶叶中的含水量依然很高。茶饼成型后，要用棨在茶饼的中心打穿一个孔，打孔时不要用力过猛，避免损坏茶饼。孔的大小，以能够放入竹条，也就是朴为宜。这样可以方便穿串和解开，便于搬运，同时大小均匀的孔也保证了茶饼的外形美观。

将茶饼打孔后，用贯穿起来，放在棚上面，然后将棚放置在焙上面，并在下面生火进行烘焙。这种情形，跟育十分类似。育是用竹子做成的箱子，分两层，用纸糊在外面。上一层用来放茶饼，下面用弱火，方法与烘焙是一样的。在焙上进行干燥的时候，当茶饼半干时，要将贯降至下棚，全干时升到上棚，直至完全干燥。烘茶温度很有讲究，要先高后低，对茶饼进行充分的干燥。

烘焙过程中，茶叶的干燥程度以茶叶的水分含量来计算。《茶经》说“全干，升上棚”，这里的“全干”并不是百分之百的脱水干燥，是指茶仍然含有一定的水分。“全干”是指人在感官上觉得茶饼完全干燥了，在判断的时候需要一定的经验。

穿

穿，不是动作，而是用来计数的工具。饼茶制造最后的两道工序中的“穿”，其实也就是计数。

穿也称贯串，在《茶经》里读起来是去声。“穿”与“串”其实没有本质的区别，在古代，用串作饼茶的计数单位是很常见的。

用来穿串茶饼的工具一定要坚固而且有韧性才行。唐代时期，各地方都有不同的穿串方法，陆羽说江东、淮南等地方的穿，用竹子编成，而峡中则用构树皮搓成。至于其他的地区，也都有各自的用材。

穿是计数单位，用来计算串在竹篾上茶饼的个数，但是随着茶饼的重量不同，各地也存在差别。在江东一带，穿是从四五两（200~250 克）到 1 斤（500 克），而峡中地区是从 50 斤（25 千克）到 120 斤（60 千克）。为什么不同地区存在这么大的差别呢？后代学者认为：第一，峡中地区有可能是将“片”写为了“斤”，120 小片的饼茶重量上相当于 1 斤（500 克），这种可能性很高；二是江东的茶饼是零售的，而峡中是批发的；三是江东的茶叶嫩小，峡中的茶叶粗大；四是江东是短距离运输，峡中是长途运输。

封

封就是茶的贮藏，用的工具是育。茶叶有着很强的吸附性，在储藏、运输过程中极易受潮沾染异味，这种对于茶叶防潮防霉的情况，从唐代开始，人们就已经十分重视了。

宋代人喜欢喝茶，对茶的品质要求也很高，所以对茶的贮藏和包装十分重视。封藏用的工具育，是用木制成的框架，形状像一只烤箱，里面编上竹篾，外面用纸糊上。箱子里面分为双层，下面放火盆，用没有火焰的弱火烘焙上面存放的茶。包装茶叶也十分讲究，有的用箬叶封裹，每隔两三天就放在焙中用低温烘茶；有的以旧的竹器、漆器储藏。

至精至好且不奢：茶饼八等级

“自采至于封七经目，自胡靴至于霜荷八等，或以光黑平正，言嘉者，斯鉴之下也；以皱黄坳垤言佳者；鉴之次也。”《茶经》中将茶饼的等级分成八个等次，这里的评审方法是指用眼睛看。当然，评审茶饼的好坏，一是看茶的好坏，二是看评审人的眼光。

茶饼的好坏品评根据饼茶的形状，不分里外，应该以其外形的匀整、松紧、嫩度、色泽、净度这几个方面来评判优劣。匀整，是看饼形是否完整，纹络是否清晰，表面是否起壳或脱落；松紧，看饼茶厚薄是否一致；嫩度，看饼茶梗叶的老嫩；色泽，看饼茶颜色是否油润；净度，看饼茶的叶片、梗、末含量以及是否有杂质。

综合以上几个方面，陆羽将茶饼的等级分为八个等次，外表形态如下：

肥、嫩、色润的优质茶饼

胡靴：饼面带有皱缩（细）褶纹；

牛臆：饼面带有齐整（粗）褶纹；

浮云出山：饼面带有卷曲皱纹；

轻飙拂水：饼面带有微波形皱纹；

澄泥：茶饼表面平滑；

雨沟：茶饼表面光滑，但有沟痕。

瘦而老的茶

竹箨：饼面呈笋壳状（起壳或脱落，并含老梗）；

霜荷：饼面呈凋萎荷叶状，色泽干枯。

以上主要是审评茶饼的形态和色泽，以嫩为好，以老为差。

除了茶饼的品质外，评审人的技术也是十分重要的，评茶技术也分为三等：

最差：将茶饼表面的光黑、平整评为好茶的技术；

较次：将茶饼表面的色黄、皱纹、高低不平评为好茶的技术；

最好：指出上面两种情况的优点与缺点，并评出好的与不好的茶饼。

终朝采掇未盈襜，唯求精粹不敢贪：六大茶类

茶的制作方法，随着生产社会化的发展产生了多样化。我国的茶大致上可分为六大类，每一类茶都有着其自然的文化底蕴。

玉尘剪出照烟霞：绿茶

绿茶，又称不发酵茶，是我国历史上最早出现的茶类。唐代以蒸青法制造，之后传入日本，后被许多国家采用。绿茶是以适宜茶树的新梢为原料，经杀青、揉捻、干燥等典型工艺制成的茶叶。其干茶、冲泡后的茶汤，叶底色泽均以绿色为主调。

青锅

摊凉回潮

绿茶较多地保留了鲜叶内的天然物质，整个制作过程中，营养物质成分流失较少，形成了“清汤绿叶，滋味收敛性强”的特点。绿茶凉而微寒，味道略苦，适合胃热的人饮用。

中国的绿茶中，品种最多，不但香高味长，品质优异，且造型独特，具有较高的鉴赏价值。

根据绿茶的制作和干燥方式的不同，可分为蒸青绿茶、炒青绿茶、烘青绿茶、晒青绿茶、半烘半炒绿茶五大类。

蒸青绿茶有煎茶、雨露等。

晒青绿茶有滇青、川青、陕青等。

炒青绿茶有眉茶、珠茶和细嫩炒青三种。其中，眉茶又分为炒青、特珍、珍眉、凤眉、秀眉、贡熙等；珠茶分为珠茶、雨茶、秀眉等；细嫩炒青有信阳毛尖、六安瓜片、龙井、大方、碧螺春、雨花茶等。

烘青绿茶分为普通烘青和细嫩烘青。普通烘青有闽烘青、浙烘青、徽烘青、苏

烘青等；细嫩烘青有黄山毛峰、太平猴魁、华顶云雾等。

为世人耳熟能详的炒青绿茶茶种有西湖龙井、碧螺春、眉茶（珍眉、特珍）、珠茶、贡熙、雨茶、秀眉等，烘青绿茶有毛峰、尖茶、瓜片等，半烘半炒的绿茶种类有辉白茶等。

制作工序

绿茶的基本制作流程是杀青、揉捻、干燥。其中，关键步骤在于杀青。新鲜的茶叶通过杀青，可使酶的活性钝化，茶叶内含的各种化学成分在没有酶的影响下，由热力作用进行物理化学变化，形成了绿茶的品质特征。

杀青：目的在于蒸发掉鲜叶中的水分，使鲜叶中具有青草气的低沸点芳香物质挥发消失，从而使茶叶香气得到改善。通过高温，破坏酶的活性，抑制多酚类酶促氧化，防止叶子变红，保持绿茶的绿色特征。同时通过杀青，蒸发叶内的部分水分，使叶子变软，为揉捻造型创造条件。

揉捻：通过外力，使芽叶卷紧成条，这是绿茶塑造外形的一道工序。揉捻过程中，将叶片揉破，使茶叶变轻，卷转成条，体积缩小，破损茶组织使茶汁流出，同时部分茶汁挤溢附着在叶表面，对提高茶滋味浓度也有重要作用。揉捻叶有热揉和冷揉之分。所谓冷揉，即杀青叶经过摊凉后揉捻；热揉则是杀青叶不经摊凉而趁热进行的揉捻。嫩叶宜冷揉，老叶宜热揉。嫩叶冷揉以保持黄绿明亮之汤色于嫩绿的叶底，老叶热揉以利于条索紧结，减少碎末。

干燥：干燥是为了除去茶条中的水分，整理成型，并使茶叶香气挥发。干燥分为炒干、烘干和晒干三种方法。绿茶一般先经过烘干，然后再进行炒干。烘干指烘青绿茶制作工艺，分毛火、足火两个过程。炒干是指炒青绿茶制作工艺，在锅里面进行，分二青、三青、挥干三个过程。绿茶因揉捻后的茶叶，含水量仍很高，如果直接炒干，会在炒干机的锅内很快结成团块，茶汁易黏结锅壁。因此，茶叶应先进行烘干，使含水量降低至符合锅炒的要求。

选茶要点

绿茶有很好的保健作用，现在注重养生的人越来越多，大部分选择喝绿茶养生。绿茶的选购，自然也就成了重中之重的问题。

绿茶有大宗绿茶和名优绿茶之分。大宗绿茶是指普通的炒青、烘青、晒青、蒸青等绿茶，这部分绿茶大多都以机械制造，产量较大，品质以中、低档为主。这部分绿茶以鲜叶原料的嫩度不同，由嫩到老，一般设置一至六级六个级别，品质由高到低。而名优绿茶是指有一定知名度、造型有特色、色泽鲜活、内质香味独特、品质优异的绿茶，这部分绿茶一般以手工制造为主，目前市场上较常见的传统名优绿茶有西湖龙井茶、洞庭碧螺春茶、黄山毛峰茶、信阳毛尖茶等。

由于绿茶属于不发酵茶，所以保存了大部分茶叶的成分和营养，相较于其他茶叶，

也是最容易氧化及变质的茶叶，保存期限是最短的，所以选购绿茶需要具备以下几点知识：

①看颜色：但凡绿茶的色泽绿润，茶叶肥壮厚实，或有较多白毫的，这些一般是春茶。

②看外形：绿茶的茶叶扁形，茶条扁平挺直、光滑，无黄点、无青绿叶梗，这就是好茶。卷曲形或螺状绿茶，条索细紧，白毫或锋苗显露，说明原料好，做工精细。

③闻香气：绿茶香气清新馥郁、略带熟栗香的，就是好茶。

除了以上方法之外，也可以通过另外的一些途径来判断绿茶干茶的好坏。

①了解产地：绿茶因茶的类别和各种茶适合生长的地势、土质不同，所产出来的茶叶的品质也有所不同，即便是同一个地方所产出的茶叶品质也有差别。一些知名产区产出来的茶，与不知名的茶或者不知名产区产出来的茶，在味道上也各有不同。对茶很有研究的爱好者，也可以选购著名产地的茶叶，以及各种不同名茶，自己试喝。

②采摘时节：绿茶以春茶为最佳，其次才是冬茶。所以，如果要买绿茶，最好选择在春季购买。这时候的茶叶比较新鲜，在品质上也比冬茶要好。如果在夏秋两季购买，不仅数量少，而且春茶存放到了这个时候，通常都不太新鲜了。

③选择白毫茶叶：由于绿茶通常是摘采嫩芽制成，所以越嫩的茶，它的毫也就越嫩。这部分嫩芽经过烘焙过程后，会自然地形成白色茸毛，称为白毫或银毫。因此，选择绿茶最好选带有白毫的茶叶，这表示此类绿茶是刚摘采茶青嫩芽制成的，是较好的茶叶。而没有带着白毫的，视为较差的绿茶。

④观察茶叶颜色：绿茶的颜色也会因为存放时间而变得大不相同。因为绿茶是不发酵茶，在茶的品性上，和其他茶叶相比，更加容易氧化。所以如果购买散装茶叶，那么在选购的时候就要注意新鲜

度，过期或者发霉的绿茶在颜色上大有不同。新鲜的绿茶颜色墨绿带光泽，不新鲜的绿茶则是黄褐色，没有光泽。

⑤注意制造日期：绿茶的不发酵易氧化的特性，为选购绿茶提供了要点。因为容易氧化，所以在选购包装好的绿茶时，可以从绿茶的制造日期和保存期限来辨别。选购不发酵易氧化的绿茶的原则是，越新鲜越好，日期相隔越近越好，这表明绿茶的品质能够得到保证，没有很大程度的氧化。一旦开封后要尽快喝完，以免失去绿茶的清新香味和营养。

保存方式

绿茶需要低温储存，所以最好放在冰箱里。如果保存时间短，需要随时喝，可将绿茶放入冷藏室，并将冰箱温度调至5℃左右。但如果是没有开封的茶叶，想保存一年以上，就要放入冷冻室。

另外，绿茶叶需要密闭、防异味。将茶叶放入冰箱前要密封包装，并在包装袋内装入足量的专用保鲜剂，包装材料最好用铝箔复合袋。

需要注意的是，从冰箱中取出茶叶后，不要立即将包装打开，正确的做法是将冰箱内的茶叶取出后让其慢慢升温，待其升到常温，一般是隔一天后打开包装袋，然后再冲泡饮用。

金镶玉色尘心去：黄茶

黄茶的生产历史悠久，明代许次纾《茶疏》中就有黄茶生产、采制、品尝的记载。黄茶香气清纯，滋味爽口，茶性微凉，为我国特种茶类。

黄茶属于轻微发酵茶，品质特点是“黄叶黄汤”。黄茶是人们从炒青绿茶中发现的，由于炒青过程中，干燥不足或者干燥不及时，叶色变黄，从而形成了黄茶。

黄茶的制作与绿茶有相似之处，不同点是多一道闷黄工序。这个闷黄过程是黄茶制法的主要特点，也是它同绿茶的根本区别。绿茶是不发酵的，而黄茶是属于发酵茶类。

黄茶有芽茶与叶茶之分，它们对新梢芽叶有不同要求：除黄大茶要求有一芽四五叶新梢外，其余的黄茶对芽叶都有细

嫩、新鲜、匀齐、纯净的要求。黄茶的品种很多，按照茶叶的鲜老程度，可分为黄芽茶、黄小茶和黄大茶。

黄芽茶一般是一芽一叶或者茶芽，产量极少，茶种也属于珍品，主要有湖南的君山银针、四川的蒙顶黄芽和安徽的霍山黄芽等。

黄小茶采用一芽二叶制作而成，其鲜嫩程度比不上黄芽茶，主要品种有湖南的北港毛尖，湖北的鹿苑茶，浙江的平阳黄汤、沩山毛尖等。

黄大茶的鲜叶粗大，采摘有一芽三叶或者四五叶，主要品种有安徽的霍山黄大茶、广东的大叶青等。

黄茶中其他名茶有皖西黄大茶和海马宫茶等。

制作工序

茶在炒青过程中，绿叶变黄对绿茶来说是品质上的错误，但是对于黄茶来说，则要创造条件促进绿叶黄变，这就是黄茶制作的特点。

黄茶最早是从炒青绿茶中发现的，因此制作工序与绿茶有很多相似之处，一般分为杀青、闷黄、复锅、闷黄、三炒、摊放、四炒、烘焙。相比之下，它比绿茶多了一道“闷黄”的工艺。“闷黄”指在湿热的条件下，绿茶茶叶由于人为因素导致“黄变”。闷黄过程如果掌握适当，可改善茶叶香味。

杀青：黄茶的杀青原理与绿茶基本相同，但是黄茶是黄叶黄汤，所以在杀青温度与技术方面有它的独到之处。杀青过程中，锅温要比绿茶的低，高温湿热，使茶叶的叶绿素受到较多破坏，让酶失去活性，这些都是黄茶醇厚滋味的必备条件。

闷黄：从杀青到干燥结束，都能为黄茶的变黄创造适当的条件。有的黄茶在杀青后闷黄，有的则在毛火后闷黄，有的交替进行……针对不同茶叶的品质，方法不尽相同。闷黄又分为湿坯闷黄和干坯闷黄。湿坯闷黄是在杀青后闷黄，而干坯闷黄则是在烘干后进行闷黄。闷黄过程中，茶的总量减少很多，经过杀青后，叶内产生氧化作用，茶红素的综合力减弱，保留较多的可溶性多酚类化合物，叶黄素显露出来。

干燥：黄茶的干燥一般分几次进行，温度也比其他茶要低，干燥温度先低后高。黄茶在较低温度下烘炒，水分蒸发得慢，干燥速度缓慢，那些多酚类化合物的自动氧化和叶绿素等其他成分会在湿热作用下进行缓慢转化，促进黄叶黄汤的进一步形成。低温之后，再用较高的温度烘炒，固定已形成的黄茶品质，同时干热作用增加了黄茶的醇和味感。

选茶要点

随着社会的进步，黄茶的制作工艺随着历史时期的不同，人们不同的观察方法赋予黄茶概念以不同的含义。历史上最早记载的黄茶概念，是依茶树品种原有特征，茶树生长的芽叶自然显露黄色而言，与现在的黄茶是不同的。现在的黄茶也因品种和加工技术不同，形状有明显差别。所以，各种茶类，因不同的品种，评审标准也就不同了。

选购黄茶需从几个方面入手：

①看外形。黄茶因种类和产地的不同，各种茶叶都有各自的特点。以君山银针为例，以形似针、芽头肥壮、满披毛的为好；芽瘦扁、毫少的为差。蒙顶黄芽则是以条扁直、芽壮多毫为上；条弯曲、芽瘦少为差。

②看种类。黄大茶以叶肥厚成条、梗长壮、梗叶相连的为好；叶片状、梗细短、梗叶分离或梗断叶破的为差。而黄小茶中的鹿苑茶的评审则是以条索紧结卷曲呈环形、显毫的为佳；条松直、不显毫的为差。

③看色泽。就是看黄茶的颜色，从黄色的枯润、暗鲜等入手，区分茶的优劣。在黄茶中，以金黄色、鲜润的为优，色枯暗的为差。

④看净度。净度就是茶叶的干净程度，不含杂物的为佳。各类黄茶中，梗、片、末及非茶类夹杂物含量多的话，茶品就比较次；这些杂物较少，则表明黄茶的品质较好。

⑤闻香气。黄茶的茶香很特别，以清悦的为优，有闷浊气的为差。黄大茶干嗅起来，如果散发出锅巴香，则表明此类黄茶比较好，火功为上等；如果闻起来有闷气和粗青气，则表明火功不足，茶品也较次。

⑥评汤色。黄茶是黄叶黄汤，所以可以从汤色分辨茶的优劣。以黄汤明亮的为优，黄暗或黄浊的为次。

⑦品滋味。滋味以醇和鲜爽、回甘、收敛性弱的为好；苦、涩、淡、闷的为次。

保存方式

黄茶的保存需要密闭和防异味。可在茶叶袋中放入保鲜剂并密封，以隔绝空气。

黄茶需要低温保存。要将含水量控制在一定的范围内，一般最佳的含水量在7%左右。茶叶在高温或常温条件下可加快氧化速度，很容易陈化，从而影响黄茶的品质。所以，一般情况下，保存在5℃左右、不“发酵”或轻“发酵”茶叶的质量较好。

可以将黄茶用铝箔袋装好，放入易拉罐中，然后在外面套一个干净的塑料袋并扎紧放入冰箱，不要与其他食物一起冷藏即可。

乌龙降露甘茗家：青茶

青茶又称乌龙茶，是半发酵茶类的总称。青茶品种很多，是中国几大茶类中具有鲜明特色的茶叶品类。青茶兼具了绿茶和红茶的制作工艺，有“绿叶镶红边”的美誉。品质也介于绿茶、红茶之间，有绿茶的清淡、香爽，也有红茶的浓烈甘醇，品后回甘味鲜，唇齿留香。青茶的药理作用突出表现在分解脂肪、减肥健美等方面。

青茶独特的茶汤品质，源于青茶选自特殊的茶树品种，采用特殊的采摘标准与特殊的制作工艺。青茶的采摘，叶梢要比红、绿茶成熟。在茶树新梢长到 3 ～ 5 片叶将要成熟时，在顶叶六七成开面时采下 2 ～ 4 叶，俗称“开面采”。这种采摘方法又分为小开面、中开面和大开面。小开面为新梢顶部一叶的面积相当于第二叶的二分之一；中开面为新梢顶部第一叶面积相当于第二叶的三分之二；大开面为新梢顶叶的面积相当于第二叶的面积。

青茶主要产于福建闽北、闽南、广东、台湾地区。近年来，湖南、四川也有少量生产。根据产地，主要分为闽北乌龙、闽南乌龙、广东乌龙和台湾乌龙几大类。闽北乌龙的主要品种有武夷岩茶、水仙、大红袍和肉桂；闽南乌龙主要品种有安溪铁观音、奇兰和黄金桂等；广东乌龙主要品种有凤凰单枞、凤凰水仙、岭头单枞等；台湾乌龙主要品种有冻顶乌龙、包种、乌龙等。

制作工序

青茶闻名中外，有“茶中明珠”之称，一是在于青茶冲泡之后，有“如梅似兰”的幽香；二是青茶的滋味甘醇，品味时有“喉韵”的特殊感受。

青茶的优异品质，在于严格掌握茶树的鲜叶原料、极其精细的制作工艺。青茶的基本制作流程是晒青、凉青、做青、炒青、揉捻和烘焙六个阶段。

晒青：青茶杀青是采用晒青的工序，将青茶放在阳光下晒，利用太阳光的热量，蒸出茶叶鲜叶的水分，让叶片柔软。晒青还能促进内含物发生化学变化，破坏叶绿素，除去青臭气。

凉青：晒青后，把茶叶放在室内透风阴凉处散失热量，让其水分重新分布，同时避免热量过高导致茶叶品质变低。凉青的时间一般以半个小时为宜。

做青：在做青方面，青茶的做青分为“跳动做青”“摇动做青”“做手做青”三类。这是青茶与别的茶类不同的做青方式。做青让茶叶叶子边缘互相摩擦，叶组织破裂，促进茶多酚氧化，同时蒸发水分，加速内含物生化变化，提高茶香。

炒青：做青后的茶叶，依旧会自然地进行发酵，所以下一步利用炒青，钝化或停止酶的活性，终止发酵，同时进一步发挥茶香。

揉捻：揉捻将茶叶的叶子卷起，达到成型的目的。

烘焙：通常揉捻过后，就要进行烘焙。一般分两次与揉捻交替进行，工序为初揉、初烘、复揉（包揉）、复烘。

选茶要点

青茶属于特种茶类，有独特的风味。青茶还有特殊的历史文化背景、极具特色的泡饮方法。青茶高品质的形成，也需要特殊的区域、特殊的品种和特殊的工艺，三者缺一不可。

武夷山大红袍

水仙

铁罗汉

不同品种、不同产地、不同工艺采制的茶叶，在品质风格上有较大的差异，但是总体来说，青茶表现为：有天然的花香，滋味鲜爽醇厚，茶汤入口香显回甘、汤色金黄或橙黄，叶底软亮黄绿或叶缘泛红。此外，青茶干茶有条形、弯曲形、颗粒形，色泽乌润或砂绿。

了解了青茶的特点和品质，才能够更好地选购青茶。选购青茶，需要从以下几点入手：

①看外形。青茶芽大粗壮，白毫明显，红、黄、绿三色相间，色彩鲜、形状稍短、条索紧结者为上选品。例如铁观音，条索壮结重实，略呈圆曲；水仙茶，条索肥壮、紧结，带扭曲条形；乌龙茶，条索结实肥重、卷曲。而条索粗松、轻飘的，就是劣品。

②看色泽。色泽砂绿乌润或青绿油润的为上品。色泽呈乌褐色、褐色、赤色、铁色、橘红色的为劣品。

③闻香气。汤水带天然熟果香、芬芳

宜人者为佳。上等的青茶有花香；香气稀薄或有其他异气者次之；而有烟味、焦味或青草味及其他异味的，就属于劣质青茶。

④看汤色。乌龙茶在冲泡后，汤色以明艳、呈现琥珀般的橙黄色为佳；汤色不鲜艳，呈黑褐色或深金黄色略带红色者次之；而汤色泛青、红暗、带浊的，就是劣品。

⑤品滋味。汤水入口浓厚、甘润不涩、圆滑醇和、回甘深厚（喉韵好）者为佳；滋味苦涩、回甘现象浅淡者次之。

⑥看叶底。冲泡后之茶渣，近叶边后半锯齿有红边，叶中心部分呈淡绿，泡后茶叶开展如花朵般完整无缺者为上品；叶底灰黄或褐色，茶叶揉捻而有受损不全者次之。

保存方式

青茶的保存要避光、防潮、防异味和高温等。

避光是最重要的条件，因为青茶所含有的叶绿素一见光就会发生光催化反应。防潮是因为茶叶吸湿性强，很容易吸附空气中的水分，使茶叶变质，所以在存放茶叶时，一定要注意选择较为干燥的地方保存。另外，茶叶易串味，所以必须放在相对独立的环境里。高温环境下，茶叶容易变质，需要把茶叶放于阴凉处保存。不要将茶叶放置在厨房、衣柜和装有香皂、卫生球的抽屉里，会使茶叶发生质变。

用锡罐来装青茶是再好不过了，如果没有，也可用瓷罐、双层盖的马口铁茶叶罐。在装罐的时候，茶叶一定要装满，可以减少氧化，最后加盖密封。现在很多茶是用铝塑复合袋包装的，密封性好，还能阻扰串味。不过取茶后应用封口夹将其密封，然后放于茶罐内。

普洱名茶是至交：黑茶

黑茶属于后发酵茶，茶叶黑褐光润，茶性温和，具有独特的陈香。黑茶是由绿茶演变而来的，生产历史悠久。

最早的黑茶产自湖南，湖南薄片黑茶是黑茶宗祖。汉代的时候，湖南安化县渠江生产的皇家薄片，茶叶通过高温火焙，色泽变得黑褐油润，所以称为黑茶。

通过发酵方式制成的茶叶大约出现于唐宋年间，距今已经有千年的历史。因为黑茶的原料都是比较粗老的，所以在制作过程中，发酵需要很长一段时间，发酵后的茶叶呈现暗褐色。这里也有一个传说，唐宋时期交易早期，茶马交易不便，运输比较困难，将四川地区的茶叶运送到西北的过程中，茶叶堆积发酵的时间较长，毛茶的色泽逐渐变成了黑色，因此形成了黑茶。

黑茶和其他茶类有明显不同，其他茶类是新的香、好喝，而黑茶却是越陈越香。由于黑茶在存放过程中，因发酵而产生自

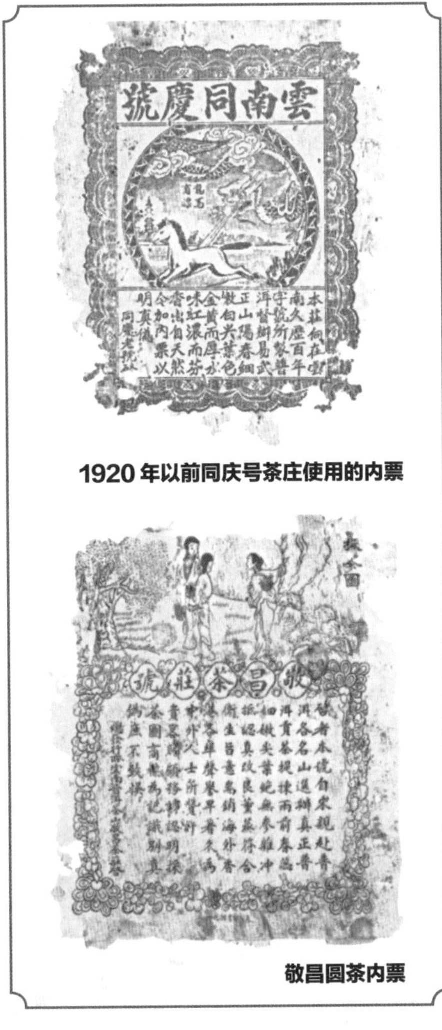

1920 年以前同庆号茶庄使用的内票

敬昌圆茶内票

动氧化作用等，导致茶叶的内含成分如生物碱、茶多酚、氨基酸、茶多糖等对人体有益的物质发生了一系列变化，从而使黑茶的品质、风味有显著的提高。

另外，黑茶的采摘标准一般都是一芽五叶，甚至更多。黑茶采摘老叶茶梗，而其他茶类，尤其是绿茶，以嫩叶甚至嫩芽为主。老叶茶梗生长期比嫩叶要更长，所以积聚的营养成分自然更多，因此，以老叶茶梗制作而成的黑茶保健成分更丰富，形成了黑茶的保健作用。

黑茶按照地域来进行划分，可分为湖南黑茶、湖北老青茶、四川边茶和滇桂黑茶。湖南黑茶有安化黑茶等；湖北老青茶有蒲圻老青茶等；四川边茶有南路边茶、西路边茶等；滇桂黑茶有普洱茶、六堡茶等。

制作工序

黑茶一般原料较粗老，加之制作过程中往往堆积发酵时间较长，因而叶色油黑或黑褐。黑茶的基本工艺流程是杀青、初揉、渥堆、复揉、烘焙。

杀青：由于黑茶原料比较粗老，所以在杀青过程中，都要洒水，以便保证杀青过程中能够均匀杀透。杀青分为手工杀青和机械杀青。手工杀青在鲜叶下锅后，立即以双手匀翻快炒，手烫时可以换铲，待黑茶茶叶软绵且带黏性，色转暗绿、青草气消除、香气显出、折粗梗不易断时，即为杀青适度。而机械杀青时，当锅温达到杀青要求，即依鲜叶的老嫩、水分含量的多少，调节锅温进行闷炒或抖炒，待杀青适度即可出锅。

初揉：由于黑茶原料粗老，所以在揉捻的时候要掌握轻压、短时、慢揉的原则。轻轻地将黑茶嫩叶揉成条，粗老叶成皱叠时即可。

渥堆：渥堆是形成黑茶色香味的关键工序。将初揉后的茶坯，不经解块立即堆积起来，最好堆在背窗、洁净的地面，避免阳光直射，上面加盖湿布、蓑衣等物，以便保温保湿，让黑茶充分发酵。期间要进行一次翻堆，以保证渥堆均匀。当堆积在茶坯表面出现水珠，叶色由暗绿变为黄褐，带有酒糟气或酸辣气味，并且手伸入茶堆感觉发热，茶团黏性变小，一打即散的时候，即为渥堆适度。

复揉：将渥堆适度的黑茶茶坯解块后，再一次揉捻，压力比初揉的时候用力小一点，要及时使之干燥。

烘焙：烘焙是黑茶初制中最后一道工序。烘焙的方法和其余的茶叶一样，通过烘焙形成黑茶特有的品质，即油黑色和松烟香味。

干燥：干燥采取旺火烘焙，有没有烟味都可以。不过，分层累加湿坯和长时间的一次干燥，与其他茶类不同。干燥到黑茶茶梗易折断，手捏叶可成粉末，色泽油黑，松烟香气扑鼻时，即为适度。

选茶要点

黑茶越陈口感越好，而且黑茶养生功效非常强，越来越为人所接受。如何选购黑茶，已经成为大多数人都关注的问题。

好的黑茶，色泽黑而有光泽，汤色橙黄而明亮，香气纯正。陈茶有特殊的花香或“熟绿豆香”，滋味醇和而甘甜。如果香气有馊酸气、霉味或其他异味，滋味粗涩，汤色发黑或浑浊，都是品质低劣的表现。

选购黑茶，可以从以下几个方面入手：

①观外形。不同年代的产品重量规格和产品的外形都具有时代的特征。前期生产的黑砖茶，在紧压程度和光洁程度上都要比现在的紧。紧压茶砖面完整、模纹清晰，棱角分明，侧面无裂缝，无老梗；散茶条索匀齐、油润，则品质佳。

②看干茶色泽。不同黑茶类型的干茶色泽不同：黑砖茶色泽有乌光，茯砖茶则呈现蛙皮青色，青砖茶则是青绿泛黄。

③闻干茶香。醇正的黑茶，带有松烟香和天然的发酵香。陈茶有陈香，茯砖茶有菌花香。

④看汤色。黑茶的汤色红艳明净，如陈年洋酒，无浑浊、沉淀，极好观察。橙黄明亮的茶就是上等，陈茶汤色则是红亮如琥珀。

⑤品滋味。黑茶滋味醇和，陈茶润滑、回甘。初泡入口甜、润、滑，味厚而不腻，回味甘甜。中期甜纯带爽，入口即化。后期汤色变浅后，茶味仍然甜纯，没有杂味。

保存方式

黑茶保存需要通风、干燥、无异味等条件。如果茶叶因放置不当受潮了，可采取一些方法进行处理，但出现了黑霉、绿霉、灰霉就说明茶已经发生霉变，就不能再冲泡饮用了。

保持通风干燥是收藏存放黑茶最重要的条件。黑茶属于全发酵茶，需要一定的湿度加速陈化，如果不小心因湿度过大、时间太长而使茶因受潮而发霉生白毛，无须太担心，及时取出，拿到通风干燥的地方，也可以进行抽湿或在阳光下晾晒，几天后长出的霉毛会自然消失。如情况严重，可用毛刷、毛巾之类柔软的纺织品去除表层的白毛，再用电吹风之类的加热器具加热十几分钟即可。早期发霉不会影响品质，也不会影响黑茶的口感。

古树原生白嫩芽：白茶

白茶是我国特产，是一种经过微发酵的茶，在世界上享有盛誉，是茶中珍品。

白茶，顾名思义，就是这种茶的颜色是白色的，一般不多见。白茶已有两百多年的历史，最早产于福建省，此外有福鼎、松政、建阳等地方所产的大白茶，茶叶上披满白茸毛，是上好的制茶原料。我国宋代《大观茶论》中记载："白茶自为一种，与常茶不同。"这是说，白茶在采摘后，加工时不炒不揉，晒干或者用文火烘干，使白色完整地保留下来，所以呈现白色。

白茶主要产于福建省，此处产茶颇多，土壤以红、黄色为主，酸度适宜，而且此地沿海，常年气候温和，雨量充沛，很适合茶树的生长。根据茶树的品种不同，白茶可分为大白、小白、水仙白。大白产自大白茶树，水仙白产自水仙茶树，小白产自菜茶茶树。而根据茶叶采摘的不同，可分为白芽茶和白叶芽。其中，白芽茶有白毫银针等，而白叶芽有白牡丹和贡眉等。

白茶，尤其是老白茶，药用价值非常高。"一年茶、三年药、七年宝"，根据民间长期饮用和实践证实，白茶具有解酒醒酒、清热润肺、平肝益血、消炎解毒、降压减脂、消除疲劳等功效，尤其针对烟酒过度、油腻过多、肝火过旺引起的身体不适、消化功能障碍等症状，具有独特、灵妙的保健作用。

制作工序

白茶的制作工艺是最自然的，也是加工最少的。将采下的新鲜茶叶放在地上，挑拣其中的真叶和复叶，然后薄薄地摊放在竹席上，将竹席放置于微弱的阳光或通风透光效果好的室内进行摊凉，让其自然萎凋。等到晾晒至七八成干时，再用文火慢慢烘，并且将毛茶过筛，将上等优质的茶叶挑选出来，拣出里面的梗片，待烘干就完成了。

制作白茶的两道工序中，干燥与一般茶叶相同，关键是在于萎凋。一般来讲，将鲜叶采下之后，让其长时间地自然萎凋、阴干，整个过程不揉也不炒，这样白茶的外形才能保持茶叶的自然形态。而采摘鲜叶也要用竹席及时摊放，厚度要均匀，

不要翻动，这就是自然萎凋，也是摊青。可根据地域气候和茶叶的等级，灵活选用方式。

萎凋：萎凋分为室内自然萎凋、复式萎凋和加温萎凋。这道工序，可以根据自然条件选择。如果是春秋晴天或夏季不闷热的晴朗天气，那么最好采取室内萎凋或复式萎凋为佳。如果是加温萎凋，则是在剔除梗、片、蜡叶、红张、暗张之后，以文火进行烘焙至足干，只宜以火香衬托茶香，待水分含量为百分之四到五的时候，趁热装箱。白茶的萎凋，既没有破坏酶的活性，又不促进氧化作用，且保持毫香显现，汤味鲜爽。

干燥：干燥可以晒干，在太阳下曝晒至八九成干，再用文火烘至足干。

选茶要点

白茶拥有白色银毫，素有“绿妆素裹”之美感，且白茶芽头肥壮，汤色黄亮，滋味鲜醇，叶底嫩匀。它具有健胃提神、祛湿退热等效果，常常作为药用，而且性微凉、平缓，味道甘甜，特别适合老年人饮用。保健作用最佳的白茶，在选购方面，由于其制作工艺不同，因此与一般的茶叶有所不同。可以从以下几个方面判断：

①外形。白茶在外形上，各种类别有很大不同。白毫银针外形品质以毫心肥壮、鲜艳、银白闪亮为上；以芽瘦小而短、色灰为次。白牡丹外形品质以叶张肥嫩、叶态伸展、毫心肥壮、色泽灰绿、毫色银白为上；以叶张瘦薄、色灰为次。优质贡眉和寿眉叶张肥嫩、夹带毫芽。新白茶外形品质以条索粗松带卷、色泽褐绿为上；无芽、色泽棕褐为次。

②判别干燥程度。可以随意挑选一片干茶，用拇指与食指用力捻，如立刻成了粉末，则表示干燥度足够；如果捏成了小颗粒，则表示干燥度不足，或者茶叶已吸潮。干燥度不足的茶叶比较难储存，同时香气也不高。

③闻茶的香气。闻干茶的香气，并辨别是否有烟、焦、酸、馊、霉等劣变气味以及各种夹杂着的不良气味。香气以毫香浓郁、清鲜纯正的为上等；而香气淡薄，并有青气或者发霉，有红茶发酵气息的，就是次品。

④看茶的汤色。白茶的茶汤，以橙黄明亮或者浅杏黄色的为最好；红色、暗色和浊色的为劣等。

保存方式

白茶是最具有收藏价值的茶叶。白茶性清凉，是夏季消热降火、消暑解毒的佳品，储存时间越长，其功效越广，所以很多人会选择购买白茶进行收藏。白茶的保存需要注意以下几点：

密闭防潮：保存时一定要密封，且要求装茶的密封袋或容器无毒、防潮。

常温保存：白茶保存的理想温度在 4 ～ 25℃，也就是常温下保存即可，无须冷藏。

无异味：保存的环境要求无异味。

仙山灵草湿行云：红茶

红茶是全发酵茶，因干茶颜色与茶汤颜色均为红色，故名“红茶”。红茶在全世界的产量和销量最多，深受消费者喜爱。

红茶的发源地是中国，但是知道这一点的人并不多，很多人更加不知道红茶中的正山小种红茶是世界红茶的鼻祖。正山小种红茶距今已有约400年的历史，起源于16世纪，最早在武夷山一带被发现，确切的时期至今还没有得到考证。1610年，荷兰商人第一次运销欧洲的红茶就是武夷山的小种红茶，在武夷山桐木关江氏传人的家族族谱中，还有关于小种红茶的记载。

红茶以其制作方法的不同，可以分为三大类：工夫茶、红碎茶和小种工夫红茶。工夫茶的茶叶呈条索状，细长显锋苗，滋味醇和，叶底完整。这类茶的品种有正山小种、烟小种。红碎茶茶叶外形细碎，可以分为叶茶、碎茶、片茶、末茶红碎茶等不同品类，茶汤鲜红明亮，滋味鲜爽浓烈，有刺激性，在世界上畅销数量最多。小种工夫红茶品质优异，经过特殊处理，带有烟味，主要有滇红、祁红、川红和闽红等种类。

我国的红茶，在国际市场上曾占据领先地位。代表名茶是祁门工夫红茶。

制作工序

红茶的制作首先要做成“乌茶”。在加工过程中，发生了以茶多酚酶促氧化为中心的反应，产生了茶黄素、茶红素等新的成分，从而形成了红茶、红汤、红叶的品质特征。

红茶在原材料选取采摘下来后，经过萎凋、揉捻、发酵、烘干几个步骤。

萎凋：萎凋可分为室内加温萎凋和室外日光萎凋。鲜叶采摘后，经过萎凋，让鲜叶适度失水，达到失去光泽、叶质柔软、梗折不断、叶脉呈透明状态即可。萎凋是为揉捻和发酵做准备的。

揉捻：揉捻这一工序，经过不断的发展，已经形成了各种不同的方法。不过揉捻的目的都是为了破坏鲜叶组织，加速多酚类酶促氧化，塑造成茶外形，提高茶汤浓度。揉捻的时候，要使茶汁外流，当叶子卷成条时就可以了。

发酵：发酵是红茶最重要的环节。将揉捻过的叶子放在篮子里面，稍微压紧后，盖上温水浸泡过的发酵布，增加发酵叶的温度和湿度，在一定温度、湿度、供氧条件下，让茶叶的生化成分发生一系列化学变化，当茶叶的叶脉呈现红褐色时即可。

烘干：将发酵适度的茶叶均匀地放在筛子上，然后在下面用火烘焙。烘焙让茶叶散失水分，散发青草气，提高、发展成茶香气的时候即可。此过程中，小种红茶有独特的处理方法。它的干燥方式有两道程序：第一道是过红锅，让红茶停止发酵，保存部分可溶性茶多酚，使茶汤浓厚，使青臭味在高温中挥发，增加香气；第二道是用烟熏烘焙，在毛火时进行，将复揉后的茶叶摊放于水筛上，置于烘青间吊架上，下烧未干松木，松烟上升被茶叶吸收，使干茶带有松香味，成为小种红茶的特征。

选茶要点

红茶性温，对于肠胃较弱的人，喝红茶特别有益处。其滋味甜醇，无刺激性，还可在茶汤中加入牛奶和红糖，有暖胃和增加能量的作用。

红茶的选购可以从以下几个方面入手：

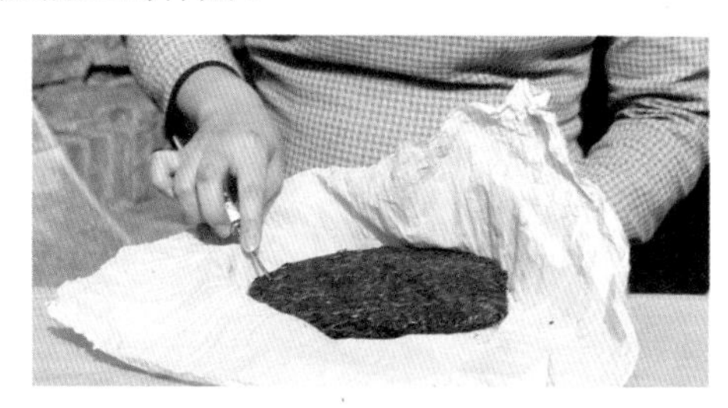

①看外形。质量好的红茶的茶芽含量高，小叶种的红茶条形细紧，大叶种的肥壮紧实，色泽乌黑有油光，茶条上金色毫毛较多。较差一点的红茶茶芽含量少，色泽乌黑稍有光泽，稍有金色毫毛。差的红茶，以成熟摊开叶片为主，条形松而轻，色泽乌枯，缺少光泽，无金毫，滋味平淡。

②闻香气。可以从冲泡后茶叶的香气来辨别红茶的优劣。绿茶以香浓、高而持久，或带有花香的为好，而红茶则是以香高、带有糖味的香气且持久的为好。红茶的品种中，红碎茶则以高而强烈的为好；茶叶中有粗老气、青气、闷气、老火气的则较差；若有烟焦气、酸馊气或霉陈气的则为劣变茶。

③看汤色。红茶泡好后，可以根据茶叶的叶底来辨别茶的优劣；以茶芽多、完整、匀度好、汤色红亮以为佳；以茶芽少、单片多、汤色浑浊的为差。

④尝滋味。茶叶的滋味，工夫红茶以浓而带有甜味的为佳；以滋味苦涩或有熟味的为较差；若带异味则为劣变茶。

⑤看干燥程度。还可拿少许茶叶用力捏，如果捏碎成了粉末状，则说明茶叶是足干的；如果捏成了颗粒，则表明茶叶干燥度不足。

保存方式

茶的保存一般都需要避免氧化和异味、避光、密闭、低温、干燥。红茶也不例外。

避光：阳光直接照射会破坏茶叶中的维生素C，并使茶叶的色泽、味道发生变化，所以红茶必须存放在不透明的容器中。

低温：温度升高，会使化学反应的速度加快，也就促使了茶叶有效成分的分解，使茶叶的营养价值降低。所以红茶要低温保存。

干燥：茶叶水分过大，不仅茶叶易丧失营养，而且容易发霉变质。因此，红茶要干燥保存。

密闭：茶叶和空气直接接触，易被空气中的氧所氧化，失去原有的风味，因此装茶叶的容器要密封。

肆之器

角开香满室，炉动绿凝铛

风炉：风炉以铜铁铸之，如古鼎形，厚三分，缘阔九分，令六分虚中，致其圬墁，凡三足。古文书二十一字，一足云『坎上巽下离于中』，一足云『体均五行去百疾』，一足云『圣唐灭胡明年铸』。其三足之间设三窗，底一窗，以为通飚漏烬之所，上并古文书六字：一窗之上书『伊公』二字，一窗之上书『羹陆』二字，一窗之上书『氏茶』二字，所谓『伊公羹陆氏茶』也。置墆臬于其内，设三格：其一格有翟焉，翟者，火禽也，画一卦曰离；其一格有彪焉，彪者，风兽也，画一卦曰巽；其一格有鱼焉，鱼者，水虫也，画一卦曰坎。巽主风，离主火，坎主水。风能兴火，火能熟水，故备其三卦焉。其饰以连葩、垂蔓、曲水、方文之类。其炉或锻铁为之，或运泥为之，其灰承作三足，铁柈台之。

筥：筥以竹织之，高一尺二寸，径阔七寸，或用藤作，木楦，如筥形，织之六出，固眼其底，盖若利箧口铄之。

炭挝：炭挝以铁六棱制之，长一尺，锐一丰，中执细头，系一小镊，以饰挝也。若今之河陇军人木吾也，或作锤，或作斧，随其便也。

火筴：火筴一名箸，若常用者圆直一尺三寸，顶平截，无葱台勾锁之属，以铁或熟铜制之。

鍑：鍑以生铁为之，今人有业冶者所谓急铁。其铁以耕刀之趄炼而铸之，内摸土而外摸沙土。滑于内，易其摩涤；沙涩于外，吸其炎焰。方其耳，以正令也；广其缘，以务远也；长其脐，以守中也。脐长则沸中，沸中则末易扬，末易扬则其味淳也。洪州以瓷为之，莱州以石为之，瓷与石皆雅器也，性非坚实，难可持久。用银为之，至洁，但涉于侈丽。雅则雅矣，洁亦洁矣，若用之恒而卒归于银也。

交床：交床以十字交之，剜中令虚，以支鍑也。

夹：夹以小青竹为之，长一尺二寸，令一寸有节，节已上剖之，以炙茶也。彼竹之筱津润于火，假其香洁以益茶味，恐非林谷间莫之致。或用精铁熟铜之类，取其久也。

纸囊：纸囊以剡藤纸白厚者夹缝之，以贮所炙茶，使不泄其香也。

碾：碾以橘木为之，次以梨、桑、桐柘为臼，内圆而外方。内圆备于运行也，外方制其倾危也。内容堕而外无余木，堕形如车轮，不辐而轴焉，长九寸，阔一寸七分，堕径三寸八分，中厚一寸，边厚半寸，轴中方而执圆，其拂末以鸟羽制之。

罗合：罗末以合盖贮之，以则置合中，用巨竹剖而屈之，以纱绢衣之，其合以竹节为之，或屈杉以漆之。高三寸，盖一寸，底二寸，口径四寸。

则：则以海贝蛎蛤之属，或以铜铁竹匕策之类。则者，量也，准也，度也。凡煮水一升，用末方寸匕。若好薄者减之，嗜浓者增之，故云则也。

水方：水方以椆木、槐、楸、梓等合之，其里并外缝漆之，受一斗。

漉水囊：漉水囊若常用者，其格以生铜铸之，以备水湿，无有苔秽腥涩。意以熟铜苔秽、铁腥涩也。林栖谷隐者或用之竹木，木与竹非持久涉远之具，故用之生铜。其囊织青竹以卷之，裁碧缣以缝之，纽翠钿以缀之，又作绿油囊以贮之，圆径五寸，柄一寸五分。

瓢：瓢一曰牺杓，剖瓠为之，或刊木为之。晋舍人杜毓《荈赋》云：『酌之以匏。』匏，瓢也，口阔胫薄柄短。永嘉中，余姚人虞洪入瀑布山采茗，遇一道士云：『吾丹丘子，祈子他日瓯牺之余乞相遗也。』牺，木杓也，今常用以梨木为之。

竹筴：竹筴或以桃、柳、蒲、葵木为之，或以柿心木为之，长一尺，银裹两头。

鹾簋：鹾簋以瓷为之，圆径四寸。若合形，或瓶或罍，贮盐花也。其揭竹制，长四寸一分，阔九分。揭，策也。

熟盂：熟盂以贮熟水，或瓷或沙，受二升。

碗：碗，越州上，鼎州次，婺州次，岳州次，寿州、洪州次。或者以邢州处越州上，殊为不然。若邢瓷类银，越瓷类玉，邢不如越一也；若邢瓷类雪，则越瓷类冰，邢不如越二也；邢瓷白而茶色丹，越瓷青而茶色绿，邢不如越三也。晋·杜毓《荈赋》所谓：『器择陶拣，出自东瓯。瓯，越也。瓯，越州上口唇不卷，底卷而浅，受半升已下。越州瓷、岳瓷皆青，青则益茶，茶作白红之色。邢州瓷白，茶色红；寿州瓷黄，茶色紫；洪州瓷褐，茶色黑。悉不宜茶。』

畚：畚以白蒲卷而编之，可贮碗十枚。或用筥，其纸帕，以剡纸夹缝令方，亦十之也。

札：札缉栟榈皮以茱萸木夹而缚之。或截竹束而管之，若巨笔形。

涤方：涤方以贮涤洗之余，用楸木合之，制如水方，受八升。

滓方：滓方以集诸滓，制如涤方，处五升。

巾：巾以絁为之，长二尺，作二枚，玄用之以洁诸器。

具列：具列或作床，或作架，或纯木纯竹而制之，或木法竹黄黑可扃而漆者，长三尺，阔二尺，高六寸，其到者悉敛诸器物，悉以陈列也。

都篮：都篮以悉设诸器而名之。以竹篾内作三角方眼，外以双篾阔者经之，以单篾纤者缚之，递压双经作方眼，使玲珑。高一尺五寸，底阔一尺，高二寸，长二尺四寸，阔二尺。

《茶经》中的“四之器”部分，详细讲述了煎茶法所涉及的煮茶以及饮茶的用具。遵循煮茶的整个过程，可分为生火、煮茶、烤茶、碾茶、量茶、盛水、滤水、取水、盛盐、取盐、饮茶、盛器、摆设、清洁等器具。每一种器具，陆羽都有详细的描述和解说，而且这些器具，无论是在造型上，还是在操作上，都有着无可挑剔的逻辑性。

红炉饮霜枝：生火用具

饮茶必先煮茶，煮茶需要生火。陆羽对煮茶的要求，包括风炉、灰承、筥、炭挝和火夹的应用。

风炉

风炉是用来生火和煮茶的。唐代陆羽设计的风炉是用锻铁或者揉泥铸成的，它的形状和古鼎类似，炉上有三只脚，上刻二十一个古文字。三足之间，有三个小窗，底部是空的，用来通风和出灰。在炉腹上，铸有六个古文字。炉的壁厚三分，边缘部分宽九分，炉壁与炉腔中间空出六分，并用泥涂满。在风炉里面，设有放燃料的炉床，又有三个支架，分别刻有离、巽、坎三卦。在八卦中，巽卦象征风，离卦象征火，坎卦象征水。这是煮茶过程中，需要用到的三种元素，风能助火，火能煮水，所以要有这三个卦。

灰承

灰承是用来盛放炉灰的东西。陆羽提及的灰承，以铁为材质，铸造成圆形，与风炉相吻合。灰承下方有三只脚，用来支撑灰承不至于倾斜。

宣化辽墓壁画中绘制的点茶工具中的茶筅

筥

筥是用来盛炭的。唐代的筥是用竹丝

编制而成的，一般编制成方形。高一尺两寸，直径七寸，看起来非常美观。

炭挝

炭挝是用来将炭打碎的专用锤子，和一般的锤子或者斧头类似，不过炭挝是六棱的，长一尺左右，上头尖，中间宽，便于碎炭。在把柄处握手的地方可以拴上一个小展作为装饰品。

火夹

火夹就是用来夹炭的，又称为筯，也就是我们所说的火箸，用铁或者熟铜打造而成，像筷子一样，又圆又直，长一尺三寸，顶端是扁平的，不用任何东西装饰。煮茶的时候，用火夹将炭夹起放入炉中。

鎏金银茶罗

唐代的点茶是将茶末放于碗内，以茶瓶煮汤，再注汤碗中，经过拌搅达到黏稠适度的胶体状态。如果茶末很粗，或粗细不匀，搅拌时就得不到较佳的效果，因此茶罗成为点茶的关键茶具。法门寺地宫出土的这件茶罗分罗框和罗屉，同置于方盒内，上层的罗框上尚残存一些用丝线织成的纱罗，网眼极细密，说明唐时已注意到茶末颗粒的一定细度。

旋旋续新烟：煮茶用具

陆羽《茶经》中提到的煮茶用具，包括釜、夹、交床等几种，每一种在煮茶过程中都有着各自的作用。

釜

釜就是釜或锅，和现在用的茶釜是类似的，一般用生铁打造而成，用作煮水烹茶。釜耳一般都制作成为方形，来确保釜方平正。釜的边制得比较宽阔，使其能伸展得开，茶水不容易泄漏出来。中心部分很宽，火力容易集中在中间，烧水的时候，水也比较容易沸腾，烧出来的水用来冲茶是最适宜的，茶的滋味也就醇厚了。

釜的制作方法有很大不同，一般是用生铁打造的。不过在唐代，洪州的釜是用瓷制成，莱州用石制成，瓷与石这两种都能用，并且比较庄雅，而且也耐用，但是却不够结实。若是用银制作，倒是非常洁净，但却过于奢侈。所以，一般的釜还是用铁制的比较好。

夹

夹有煮茶和烤茶用的两种。用来煮茶的是竹夹。竹夹一般都是用桃、柳、蒲葵木制成，长一尺左右，在两头用银包裹好。而用来烤茶的，则是叫夹。夹可以用精铁、熟铜制作，比较耐用。不过在烤茶的时候，以小青竹制成的架子，长一尺二寸，用以烤茶更好。这是因为烤茶的时候，竹子遇火会渗出汁液，而且会散发出竹香，借用竹子做的夹用来烤茶，可以提高茶味。

交床

交床一般是用木制的，做成十字交叉的架子，在上边搁置木板，将中间挖空，成圆形，大小以适合放置釜为宜。

雅韵金垒侧：烤、碾、量茶用具

烤茶、碾茶、量茶等，在煮茶过程中的每一样东西，都有考究，这些器具的制作用料独具妙用。

纸囊

纸囊是用来储存烤炙好的茶饼的，一般用白而厚的剡藤纸双层缝制，材料一般取自于浙江嵊县所产的藤和竹子。用这种纸囊存放茶饼，茶的香气不容易散发。

碾

碾是用来碾碎茶叶的，最好的是用橘木制作，其次是用梨、桑、桐、柘木制作。一般的碾，内圆外方，里面为圆形，方便转动，外面为方形，是为了防止倾倒。在碾的里面放一个堕，就可以让碾看起来不留空隙。堕的形状也是圆的，像车轮一样，轴长九寸，宽一寸七分左右，堕的直径为三寸八分，中间厚一寸，边缘厚半寸。但是不用辐，只装轴。轴的中间是方的，用来固定圆，柄是圆的，便于用手握着。

拂末

拂末一般选用鸟的羽毛，这种羽毛比较轻，贴近茶的上面，容易将茶拂清，是最好的拂茶器具。

罗筛

罗筛和现代的筛子一样，是用来过滤的，一般用竹子做成。在唐代，用剖开的大竹弯曲成圆形，固定好，然后在圆形的边缘蒙上一层纱或绢。

鎏金银茶碾

1987年，法门寺地宫出土了唐僖宗供奉佛祖的一套宫廷茶具，包括银火箸、银茶碾、银茶则、银茶罗子、长柄银勺、银盐台、银风炉、鎏金毬路纹银笼子、金银丝结条笼子、银调达子、琉璃茶盏及盏托，共11件。这套茶具的完整保留，再现了唐时主流社会的饮茶情趣。此件器物为碾碎茶饼之用。

鎏金银调达子

调达子是古代的一种特有的饮茶器具，现今已经消失。作为茶具，它主要供调茶、饮茶时使用。先将茶末放入调达子内，加上适当佐料，然后加入沸水将茶调成糊状，再加沸水调成茶汤。

合

合，就是用来储藏筛出来的茶末的盒子，和罗筛一样，一般用竹节或杉木制成，高三寸，盖一寸，底二寸，口径四寸，涂上油漆。一般还配有相应的盖子。

则

则是用海贝、蛎、蛤等类的壳做成的，或用铜、铁、竹制成汤匙的形状也可以，一般是用来量茶数量的标准。一般煮一升（古时1升约为现在的200毫升，后同）的水，就用一方寸匕（约2克）的茶末，喜欢喝淡茶的可减少，喜欢较浓的可相应增加。

鎏金银盐台

由盖、台盘、足架三部分组成，它是古人煎茶调味时存放盐、胡椒等佐料的用器。历代茶书对盐台并无记载。法门寺地宫出土的这件盐台为首次发现。

湖中水方老：盛、滤、取水用具

煮茶用的水是十分讲究的，每一种取水都有各自所备的器具，否则就会影响茶性。陆羽在煮茶过程中所用到的盛水、滤水和取水等用具包括水方、漉水囊、瓢、熟盂和竹夹等。

水方

水方是用来储存水的器具，一般是方形的，用稠木或槐、楸、梓等木板制成，上面开口，底部封口，内外的缝都用漆涂封，可盛水一升。

漉水囊

漉水囊的作用是用来过滤煮茶的水。每一次煮茶过后，水质会有所变化，再用这种水就会影响茶性，所以需要将这种水过滤掉。用竹、木制作而成的漉水囊，耐久性不够，而且在携带时也容易损坏，所以，一般囊的骨架都是用生铜制成的。熟铜被水浸后容易产生铜铝污垢；铁质则容易生锈，影响水质，且带有腥涩味，所以不适宜做囊骨架。一般的囊圆径五寸，柄长一寸五分。囊袋是用青篾丝编织的，卷成囊形，用绿色的绢缝在骨架上，然后在外面可以缀上细巧的饰品。

瓢

瓢又叫牺杓，是烹茶时取茶水或分茶水的用具，用葫芦剖开制成，或用木雕成。经过长期的演化，瓢有了很多的种类，现在常用的多用梨木制成。

熟盂

熟盂是用来储存开水的，一般用瓷或陶制作而成，可盛水两升。

竹荚

竹荚是煮茶时用来环击汤心、激发茶性的用具。

盐损添常戒：威盐用具

鹾簋

鹾簋是用来存放盐的器皿，一般用瓷制成，圆径四寸，形状类似盒形、瓶形或壶形。

揭

揭用竹制作而成，是取盐的用具。一般长四寸一分，阔九分。

素瓷雪色飘沫香：饮茶用具

碗

古时用碗来喝茶品茶，一般用瓷制作而成。形状跟盏很像，容量在半升（100毫升）以下，上面的口不卷边，到底部呈浅弧形。以唐代越州瓷为最好，鼎州、婺州的次之；岳州为上品，寿州、洪州为次。也有人说邢州比越州产的好，其实事实并非如此。第一，邢瓷似银，越瓷似玉。第二，邢瓷像雪，越瓷像冰。第三，邢瓷白，茶汤泛红色；越瓷青，茶汤呈绿色。

陆羽提出的“青则益茶”，是因唐时的饮茶习惯得出的结论。因为当时人们喝的是饼茶，茶烤炙研碎后再经煎煮，茶汤呈“白红”色。茶汤倾入瓷茶具后，汤色就会因瓷色的不同而起变化。所以，陆羽认为以青色越瓷茶具为上品。

从宋代开始，饮茶习惯逐渐由煎煮改为“点注”，团茶研碎经“点注”后，色泽已近“白色”。这样，唐时推崇的青色茶碗就无法衬托出“白”的色泽。而此时饮茶多用盏，于是有了“盏色贵黑青”的说法，认为黑釉茶盏才能反映出茶汤的色泽。宋代蔡襄在《茶录》中特别推崇建安兔毫盏，他写道：“茶色白，宜黑盏。建安所造者绀黑，纹如兔毫，其坯微厚，之久热难冷，最为要用。”

五瓣葵口圈足秘色瓷碗

五代秘色莲花茶盏

明代初期，饮用的茶汤已由宋代的“白色”变为“黄白色”，这样对茶盏的要求随之变为“白色”。明代屠隆就认为茶盏“莹白如玉，可试茶色”。明代张源的《茶录》中也写道：“茶瓯以白瓷为上，蓝者次之。”

明代中期以后，瓷器茶壶和紫砂茶具兴起，茶汤与茶具色泽不再有直接的对比与衬托关系。人们将饮茶注意力转移到茶汤的韵味上来了，对茶具则重在追求“雅趣”。明代冯可宾在《茶录》中写道：“茶壶以小为贵，每客小壶一把，任其自斟自饮方为得趣。何也？壶小则香不涣散，味不耽搁。”强调茶具选配得体，才能尝到真正的茶香味。

清代以后，茶具品种增多，形状多变，色彩多样，再配以诗、书、画、雕等艺术，从而把茶具制作推向新的高度。

札

札是用来洗涮茶具的，一般是用棕榈皮或者和茱萸木或是竹子制作而成。用茱萸木夹上棕榈皮捆紧，或以竹子扎上棕榈纤维都可以。

畚

畚是用来陈列碗具的，一般可放十只碗左右，用白蒲卷编制而成。也可以用筥和剡纸缝合成方形。

具列

具列是用来陈列茶器的，类似于现代的酒架，和床或者架的形状一样，一般能够开合，多数用木、竹制作而成，长三尺，宽二尺，高六寸。

都篮

都篮用来贮藏所有的茶具，当饮茶完毕后，就要用都篮将所有的器具存放好，以备日后使用。都篮一般用竹篾编制而成，形状类似篮子，高一寸五分，长二寸四分，宽二尺，篮底宽一尺，高二寸。

气清涤人心：清洗用具

涤方

涤方用以贮存洗涤后的水。一般由楸木板制成，制作方法和水方一样，并要用漆涂封，可容水八升。

滓方

滓方是用来盛放茶滓的，一般用木制，制法跟涤方一样，一般容量五升左右。

巾

巾是用来擦拭茶具的器具，一般用粗绸制成，长二尺，一般情况下准备两块，可以交替擦拭各种器皿。

现代茶具

冲泡茶叶，除了要有好茶、好水之外，还要有好的茶具。陆羽在《茶经》中罗列了各色各样的茶具，发展到如今已经有了很大的变化。现代茶具通常包括茶杯、茶壶、茶碗、茶盏、茶碟、茶盘等饮茶用具。我国的茶具种类繁多，各种茶具的结构、特点及其艺术价值都包含了极为丰富的文化内容。

茶杯

现在我们喝茶，一般用的都是茶杯。茶杯分大小两种：小杯亦叫品茗杯，是与闻香杯配合使用的，在茶艺中较为常见；大杯可直接作泡茶和盛茶用具，主要用于名茶的品饮。

茶壶

茶壶是茶具的一个重要组成部分，主要用来泡茶。也有直接用小茶壶来泡茶和盛茶，独自酌饮的。

茶碗

茶碗和茶杯的用途一样。茶碗的品种很多，现代茶艺中用来品茶的茶碗，一般价值较高，也最为考究，甚至被作为所有茶道具的代称。

茶盏

茶盏也是用来饮茶的用具。比茶杯和茶碗要小很多，但是比白酒杯要大一点。形状为敞口小足，斜直壁。

茶碟

茶碟是用来放茶杯或者茶盏的用具。近现代的茶杯或者茶盏，一般都配有茶碟。

茶盘

茶盘是泡茶用的小台子，在茶艺中很常见，一般有竹制、陶制或瓷器制的。在茶盘上有纵或者横的沟槽，可以漏水，因为有空隙，所以在泡茶过程中流出或倒掉的茶水，会从空隙中流到台子底下承接的底盘中。

茶则

茶则是用来盛茶叶的用具，也可以将多余的茶叶移入茶壶。则有量的意思，所以可以用来当作衡量茶叶的标准。

茶杓

用来将茶叶盛入茶器，或弄平茶叶。

茶通

茶通是用来清除茶垢，或用来清除阻塞在壶嘴中的茶叶，也适于处理细小的茶叶。

茶海

茶海又名公道杯，是用来混合茶壶中冲泡好的茶，使其溶度均匀。一般饮茶，会通过茶海将茶水注入小杯子中。

茶夹

茶夹是用来夹取茶叶或者茶杯的。

茶巾

现代茶巾和古时茶巾用途类似，都可以用来拭擦溢出来的茶水，也可以用来清洗茶具，一般以一尺四方的粗麻布制成。

茶荷

茶荷是用来盛放待泡干茶的器皿，形状一般都是有引口的半球形，便于观察干茶的外形，一般用竹、木、陶、瓷等制作而成。

茶匙

茶匙一般是用来搅拌茶用的，一般的茶匙为 5 毫升。

茶托

茶托是用来衬垫茶杯的碟子，也可以是用来放置茶盏的承盘，和茶碟相似。在明代也称为“茶舟”“茶船”。

茶罐

茶罐是用来贮藏茶的容器，一般是密封的罐子，用陶、瓷制作而成。上面有盖子，可开合。也有用塑料和铁等制作而成的茶罐。

伍之煮

铫煎黄蕊色，碗转曲尘花

凡炙茶，慎勿于风烬间炙，票焰如钻，使炎凉不均。持以逼火，屡其翻正，候炮出培塿状，虾蟆背，然后去火五寸，卷而舒则本其始，又炙之。若火干者，以气熟止；日干者，以柔止。其始若茶之至嫩者，茶罢热捣叶烂而芽笋存焉。假以力者，持千钧杵亦不之烂，如漆科珠，壮士接之不能驻其指，及就则似无穰骨也。炙之，则其节若倪，倪如婴儿之臂耳。既而承热用纸囊贮之，精华之气无所散越。候寒末之其火用炭，次用劲薪。其炭曾经燔炙，为膻腻所及，及膏木败器不用之。古人有劳薪之味，信哉！其水，用山水上，江水中，井水下。其山水，拣乳泉石地慢流者上，其瀑涌湍漱勿食之，久食令人有颈疾。又多别流于山谷者，澄浸不泄，自火天至霜郊以前，或潜龙畜毒于其间，饮者可决之以流其恶，使新泉涓涓然酌之。其江水，取去人远者。井取汲多者。其沸如鱼目，微有声为一沸，缘边如涌泉连珠为二沸，腾波鼓浪为三沸，已上水老不可食也。初沸则水合量，调之以盐味，谓弃其啜余，无乃而钟其一味乎？第二沸出水一瓢，以竹筴环激汤心，则量末当中心，而下有顷势若奔涛，溅沫以所出水止之，而育其华也。凡酌置诸碗，令沫饽均。沫饽，汤之华也。华之薄者曰沫，厚者曰饽，细轻者曰花，如枣花漂漂然于环池之上。又如回潭曲渚，青萍之始生；又如晴天爽朗，有浮云鳞然。其沫者，若绿钱浮于水渭，又如菊英堕于鐏俎之中。饽者以滓煮之。及沸则重华累沫，番番然若积雪耳。《荈赋》所谓『焕如积雪，烨若春藪』，有之。第一煮水沸，而弃其沫之上，有水膜如黑云母，饮之则其味不正。其第一者为隽永，或留熟以贮之，以备育华救沸之用。诸第一与第二第三碗，次之第四第五碗，外非渴甚莫之饮。凡煮水一升，酌分五碗，乘热连饮之，以重浊凝其下，精英浮其上。如冷则精英随气而竭，饮啜不消亦然矣。茶性俭，不宜广，则其味黯澹，且如一满碗，啜半而味寡，况其广乎！其色缃也，其馨也。其味甘槚也；不甘而苦，荈也；啜苦咽甘，茶也。

琴横荐石细泉鸣：茶之用水

古人云：“茶性发于水，八分之茶，遇十分之水，茶亦十分矣；八分之水，遇十分之茶，茶只八分。”茶汤品质的好坏，需要经过水煮、冲泡、品尝判别，因此水对于茶来说，是密不可分的“挚友”。品茶品的是茶汤，因此水质的选择直接影响茶汤品质的好坏。

各地水质优劣

泡茶讲究用水，自古以来，人们对此就十分重视。陆羽深知水的重要性，在《六羡歌》中赞道：“不羡黄金垂，不羡白玉杯，不羡朝人省，不羡暮人台，千羡万羡西江水，曾向竟陵城下来。”陆羽将水的等次划分为泉水、江河水和井水，其中以泉水为最佳。

我国的泉水资源十分丰富，比较著名的有镇江中泠泉、无锡惠山泉、苏州观音泉、杭州虎跑泉和济南趵突泉。这几处地方的泉水，用来泡茶无疑是水质最好的。

镇江中泠泉被誉为“天下第一泉”，它位于江苏镇江金山寺西。据记载，以前泉水在江中，江水来自西方，受到石牌山和鹘山的阻挡，水势曲折转流，分为南泠、中泠、北泠三泠。而泉水就在中间一个水曲之下，故名“中泠泉”。中泠泉水宛如一条戏水白龙，自池底汹涌而出。“绿如翡翠，浓似琼浆”，泉水甘洌醇厚，特宜煎茶。唐代陆羽品评天下泉水时，中泠泉名列天下第一。用此泉沏茶，清香甘洌，相传有“盈杯之溢”之说，贮泉水于杯中，水虽高出杯口二三分都不溢，水面放上一枚硬币，不见沉底。

镇江中泠泉

无锡惠山泉被列为天下第二泉。陆羽、刘伯刍、张又新等唐代著名茶人均推惠山泉为天下第二泉。中唐时期诗人李绅曾赞扬道：“惠山书堂前，松竹之下，有泉甘爽，乃人间灵液，清鉴肌骨。漱开神虑，茶得此水，皆尽芳味也。”惠山泉分为上、中、下三池。上池八角形，水色透明，甘醇可口；中池方形，水质较好；下池长方形，最大，水质也最差。

苏州观音泉是天下第三泉。传说陆羽曾住虎丘，一边著书，一边研究茶学。他亲自到山上挖了一口井，专门研究泉水水质对煎茶的作用。这口井的泉水甘甜可口，称为“陆羽井”，又称“陆羽泉”，即现今的观音泉。唐代品泉家刘伯刍评其为“天下第三泉”。

杭州虎跑泉水质甘洌醇厚，与龙井茶叶合称西湖双绝，有“龙井茶叶虎跑水”之美誉。明代高濂就说：“西湖之泉，以虎跑为最。西山之茶，以龙井为最。”虎跑泉是一个两尺见方的泉眼，清澈明净的泉水从山岩石幡间汩汩涌出，在泉后上有西蜀书法家谭道一写的“虎跑泉”三个大字，笔法苍劲，功力深厚。泉前有一方池，四周环以石栏，池中叠置山石，傍以苍松，间以花卉，宛若盆景。如今，这里周围一代已经建立有很多茶室，专供人喝茶品茗。

趵突泉位居济南“七十二名泉”之首。趵突泉位于济南旧城西南角，泉的西侧有精美建筑“观澜亭”。宋代有诗说：“一派遥从玉水分，暗来都洒历山尘。滋荣冬茹温常早，润泽春茶味至真。”趵突泉也是上好的泡茶用水，水质清澈透明，味道甘美。现在的趵突泉在一泓方池之中，北

无锡惠山泉

苏州观音泉

杭州虎跑泉

济南趵突泉

临泺源堂，西傍观澜亭，东架来鹤桥，南有长廊围合。泉东侧隔来鹤桥有望鹤亭茶社，专为游人提供用趵突泉水沏的香茶。

泡茶用水选择

《茶经》中说：“其水，用山上水，江中水，井下水。其山水，拣乳泉、石池漫流者上。”这说明，用水的选择有严格的要求，水质能够直接影响到茶汤的品质。

明代许次纾《茶疏》：“精茗蕴香，借水而发，无水不可与论茶也。”明代张大福也说：“茶性必发于水，八分之茶，遇十分之水，茶亦十分矣。八分之水，十分之茶，茶亦八分矣。”可见，水质不好，就不能正确反映茶的色、香、味了。

水的选择，依次是“山上水、江河水、井下水”。

山上水就是泉水。泉水洁净清爽、悬浮物少、透明度高、污染小、水质稳定，煮出来的茶喝入口中有鲜爽甘醇的滋味。不过，也不是所有的泉水都是好的，水流过快的泉里面的悬浮物无法沉淀下来，也会含有各种杂质。只有水流较慢的泉水，才是陆羽所说的最好的水。

泡茶虽然以泉水为最好，但是溪水、河水、江水等也不逊色。宋代杨万里的诗句中就有“江湖便是老生涯，佳处何妨且泊家。自汲淞江桥下水，垂虹亭上试新茶”。江河水是地面水，水中溶解的矿物质并不多。不过，靠近城镇的江河水容易受到污染，江中之水往往含有较多泥沙，水质较浑浊，而且受季节变化和环境污染的影响也很大，所以江水不是理想的泡茶用水。陆羽所说的江河水，是指人烟稀少、污染小的江河水，《茶经》“其江水，取去人远者”，说明那里的水是没有受到污染的。

井水属于地下水，是否能够用来泡茶，也要区分对待。井水在地层的渗透中溶入了较多的矿物质盐类，含盐量和硬度都比较大。那些常年阴暗潮湿、不见天日、与空气接触少的净水，泡出来的茶滋味并不鲜爽。如果要选择井水来泡茶，深井的水要比浅井的好，浅层井水水质差，容易受到污染，深层井水则是有地下耐水层的保护，水质洁净。北京故宫博物院文华殿东传心殿的“大庖井”就是很好的泡茶用水。湖南长沙城内的“白沙井”，井水是从砂岩中涌出来的，水质也非常好。

古人比较喜欢用雪水泡茶，白居易有“融雪煎香茗”的诗句，辛弃疾也曾写到“细写茶经煮香雪”，这些描述的都是用雪水来泡茶。雨水也比较洁净，但是要分季节，秋高气爽，尘埃较少，所以雨水比较干净，而梅雨季节或者夏季，水质则很不好，不宜用来泡茶。

自来水一般都是经过人工加工的，有的自来水气味很重，就不适宜用来泡茶了，需要将水中的气味去除后，才能够泡茶喝。

泡茶汤水调制

无论是水，还是茶，只有合在一起，才是完整的泡茶。

泡茶的水，水温要把握好。水温是影响茶性的一个重要因素。水温低了，茶叶的滋味就不能够充分地溶出，香气也不能够散发出来；水温过高，容易损坏茶的品质，而且也容易让茶有刺激性。所以，泡茶的水温是一个很重要的因素。

古人对水温一般有“三沸”的说法：

“一沸如鱼目”：煮水的时候，当水中出现如鱼眼泡一样的气泡，并发出微微的声音之时，这就是一沸。一沸时，鱼眼泡比较小，此时的水还没有达到沸点，只是吸附在壶壁的空气形成的。这些气泡中，有一定的空气，受到热量温度升高才上升到水面。当温度继续升高的时候，气泡内的水汽又凝结成水，产生振动。

“二沸如泉涌”：继续加热，水温会持续升高，气泡从底部升高到水面，水泡破裂，放出蒸汽。二沸的时候，边缘部分会产生一连串的连环珠，就表示水沸腾了，此时沸腾如泉涌一般。

“三沸似鼓浪”：当水气泡如同鼓浪一样翻滚的时候，就是三沸了。此过程中，由于水气泡饱和了，升到水面便破裂，同时也不会发出声音。陆羽指出，经过三沸之后的水，就不用再煮了，继续煮下去，也不能用来泡茶了。

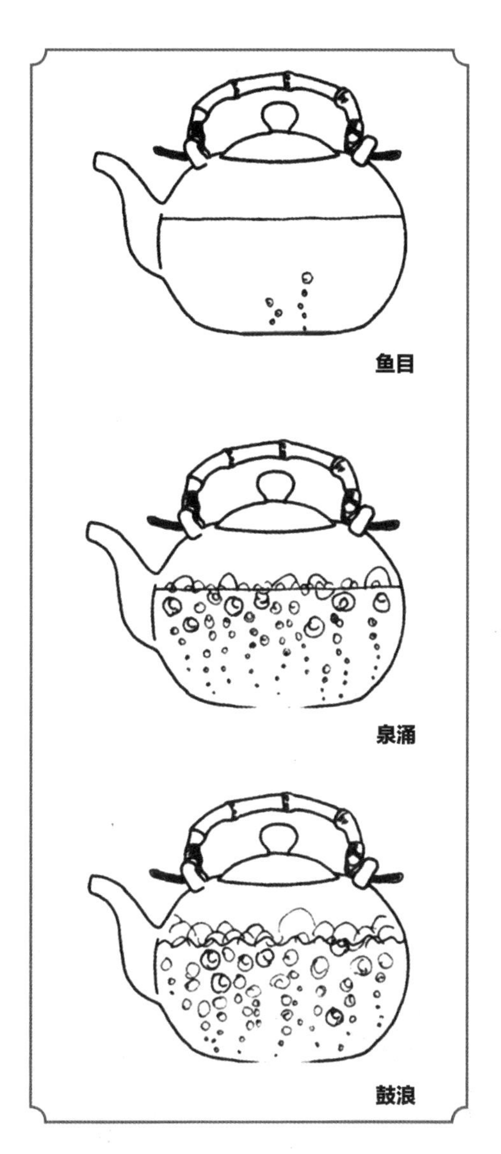

二沸的水最适宜用来泡茶，这时的水泡出来的茶色、香、味俱佳。如果沸腾过久，茶的鲜爽味就会大打折扣；没有煮沸的水，也不能够让茶的成分溶在水中。

调制茶汤是烧开水后泡茶的第二步。

水烧开后，一沸的时候，用水泡一下茶，此时的茶不宜饮用，需要倒掉。二沸的时候，古人习惯此时调制茶汤，即在茶中加一些盐一起煮。继续用水酌茶，此时的茶味道就极美了。

用水泡茶，茶汤上面会有一层浮沫，这是茶汤的精华所在，薄的一层泡沫像水里面的绿苔，叫沫。沫是茶汤的精华所在，以看不到泡沫间的空隙为最佳。沸腾时厚的泡沫叫饽，饽是茶上面有一层白雪般的厚泡沫，就表示茶汤并不是很纯粹。而细轻的泡沫，像漂浮的枣花，就叫花。如果产生花，则表示茶汤并不纯粹，蕴含了诸多的杂质。陆羽说的“枣花、青萍、浮云”都说明看得见空隙，视为下等了。

现代泡茶常用水

现代泡茶用水，一般有天然水和加工水。天然水中，有泉水、江河水、地下水和雨雪水，这部分水一般需要一定的条件才能用来泡茶。

加工水有自来水和蒸馏水。这两种水经过处理后，都适合用来泡茶，但是蒸馏水成本较高，一般不采纳。

现代一般都采用泡茶法，泡茶水温对于茶汤色、滋味十分重要，要因茶而定水温，常用水温一般在 80℃，不可以用 100℃沸水冲泡。这是因为泡茶的时候，水温越高，溶解度越大，茶汤越浓；反之，水温越低，溶解度越小，茶汤越淡。

茶映盏毫新乳上：古法煮茶

古人品茶讲究色、香、味，将这三点做到极致，最关键的还是要在煮的时候把握好分寸。煮得好，茶的色、香、味就会自然地发挥出来。

烤茶

唐代，茶在煮茶之前是制作成茶饼形式的。茶饼是不发酵茶，里面含的水分比叶、片、碎、末茶要高，成型后还要经过干燥。茶饼饮用前，如果不经过烤炙，很难将茶饼碾碎成末，泡出来的茶也很难达到要求。因此，烤茶是一项很重要的程序。

烤茶的时候，不能将茶放在迎风的火上烤，火苗飘忽不定，会使冷热不均匀。烤茶温度要高，并要经常翻动，使受热面均匀。陆羽认为，烤茶要把茶饼面烤得像蛤蟆背那样才算符合要求，达到“卷而舒”的程度。此时的茶会散发出理想的香气。

茶饼经过烤炙后会变软，然后将茶叶捣烂，芽笋却保留着，像婴儿的关节和手臂。这里的芽笋，不是嫩芽，而是带梗的嫩梢。碾茶的时候，要缓慢地降温，同时将茶末碾成颗粒状，不能碾成片状或粉状。

唐代之后，烤炙和捣茶的技术都有了很大的提高。宋代“捣”的工序已改为“榨”“研”。“上模”“烘焙”的工序也有了改进与提高，在制茶过程中已把茶叶研熟、研透，饼茶比较容易碾碎，所以在饮用前就不用再烤了。

宋代以后，散叶茶逐步代替了饼茶，直接用水泡就可以了。但是在气候相对潮湿的地区，或受潮、含水量多的茶叶，还保留在饮用前先用炭火将茶叶烤炙的习惯。

煮茶

陆羽认为，茶汤煎煮得好坏，很大程度上在于使用“活火”。所以煮茶的时候，一定要用“活火”。“活火”的关键在于燃料的选择，一般的燃料达不到“活火”的标准。

产生“活火”最好的燃料是木炭，其次用硬柴，桑木、槐木、桐木、枥木等都是上好的燃料。陆羽甚至反对选用含有油脂的柴木，所以松木、柏木、桧木等都是不能用的。这类木柴会烧出异味，从而使煮茶的汤水香气与滋味大打折扣。沾了油腻的柴以及朽坏的木料也都不宜用来做燃料。

烤茶的时候温度要高，利于茶性的挥发。煮茶火候也要把握好，烧水的时候要用大火急沸，不要用慢火煮。

竹炉汤沸初更红：现代常用泡茶法

喝茶发展到现代，原来的方法已经有了很大的改变，但是无论怎么改变，都没有失去茶的要义，饮茶的方法也变得越来越合理。现代泡茶法简单易行，对生活是一种很好的调节。

“老茶壶泡，嫩茶杯冲”是现在泡茶中常说的一条准则。这是因为，较粗老的老叶用壶冲泡可保持热量，有利于茶叶中的浸出物溶解于茶汤，提高茶汤中的可利用部分；而细嫩的茶叶用杯冲泡，不会将茶叶泡熟，并且一目了然，便于欣赏茶叶舒展之美。

通常来说，饮用红茶等注重茶韵味的，可选用有盖的壶、杯或碗泡茶；饮用乌龙茶则重在“啜”，宜用紫砂茶具泡茶；饮用红碎茶与工夫红茶，可用瓷壶或紫砂壶来泡，然后将茶汤倒入白瓷杯中饮用；饮用花茶，为了保持香气，一般用壶泡茶，然后斟入瓷杯饮用；品饮西湖龙井、洞庭碧螺春、君山银针、黄山毛峰等细嫩名茶，用玻璃杯或白色瓷碗直接冲泡最为理想。

冲泡细嫩绿茶，茶杯均宜小不宜大。杯大则水量多，热量大，会将茶泡熟，使茶叶色泽失却绿翠，还会使芽叶软化，不能在汤中林立，失去姿态，也会使茶香减弱，甚至产生“熟汤味”。

此外，红茶、绿茶、黄茶、白茶也都适宜用盖碗冲泡。

工夫泡

工夫泡一般适用于冲泡普洱茶和乌龙茶。工夫泡步骤如下：

①温具。将茶壶、品茗杯、闻香杯和茶盅等用沸水烫一下。

②斟茶。将1/3到1/2分量的茶叶倒入壶中，水温85～95℃为最好，浸泡约30秒后，将茶汤倒入公道杯，使茶汤均匀混合，然后将茶汤倒入闻香杯中逗留15～30秒，用拇指压住品茗杯底部，食指和中指夹住闻香杯底，向下翻转。然后将闻香杯倾斜一定角度，将茶汤倒入品茗杯中，即可。

盖碗泡

盖碗泡一般适合绿茶和花茶。盖碗泡步骤如下：

①烫茶具。用沸水将茶碗等茶具烫泡一遍。

②茶叶分量为1/5或者1/4碗，将沸水注入茶碗中。水温不宜太高，75～85℃为最好。

③盖好碗盖，使香气凝聚。泡茶的时间一般为30秒到1分钟。

④揭开碗盖后，用盖赶去浮叶即可。

双壶泡

双壶泡一般适合普洱茶。双壶泡步骤如下：

①烫杯。普洱茶耐泡，先用开水将茶具清洗一遍，水温越高越好，最佳温度为100℃。

②温润泡。倒入开水，茶叶分量为1/5或者1/4壶，浸泡1～2分钟，浸泡除去茶的异味，提高茶的纯度。

③将开水倒入公道杯中，将茶叶换另外准备好的壶冲泡，泡好后即可饮用。

同心杯泡

同心杯适合泡红茶、小沱茶。冲泡步骤如下：

①烫杯。先用滚水将茶具烫一遍，起到温杯的作用。

②将约茶具1/4沸水倒入，水温在95～100℃，浸泡30秒到1分钟，唤醒茶叶的茶性。

③再次倒入沸水约10秒，然后就可以将同心杯中的茶倒出来饮用了。同心杯中有过滤层，可以过滤碎茶。

有耳瓷杯泡

有耳瓷杯适合泡茶包。冲泡步骤如下：

①烫杯。用沸水将茶杯清洗一遍。

②将开水倒入茶杯中，放入茶包，水温保持在95～100℃，浸泡1～3分钟。

③稍微用勺子抖动一下茶包，将茶包提出来便可以饮用了。

大凡名茶，都有其独特的品赏方式，此即所谓的茶艺。茶艺是对历代品茶方式的总结，既有艺术性，仪式和表演的成分也不可少。当然，是真名士自风流，我们在饮茶时完全可以采用自己喜欢的方式，随心适性即可。

绿茶茶艺

绿茶丰富多样，每一种绿茶都有独特的茶艺。现以西湖龙井和碧螺春为例，介绍一下绿茶的冲泡艺术。

西湖龙井

西湖龙井茶的冲泡方法一般采用下投法，以便于观赏茶汤色泽、茶形姿态。冲泡龙井茶最好选用虎跑泉水，『龙井茶、虎跑水』是正宗的杭州双绝。不过，由于取水困难，平时也可选用优质的矿泉水或纯净水。冲泡重点是水的温度，以及茶与水的比例。

茶、水比例 1 ∶ 50

水温 90℃

宜 茶喝去 2/3 的时候添水，可使茶汤浓度基本持平。

忌 忌用滚开的水冲泡龙井，会破坏茶中的叶绿素，使颜色变黄。而且会使茶多酚类物质在高温下氧化，造成茶汤变黄，茶水无味。

西湖龙井茶艺如下：

展示茶具。将西湖龙井需要的茶具准备好，包括茶、杯、壶等茶具备齐全。茶杯用玻璃杯和瓷杯都可以。

观看龙井茶的外形。首先是鉴赏龙井茶，龙井茶的外形扁平光滑，色泽嫩绿，苗锋尖削，芽长于叶，体表无茸毛，素有色翠、香郁、味甘、形美“四绝”的盛誉。品茶前可以先鉴赏龙井茶叶的品质。

烹煮水。在温杯之前，先要将水烹煮，去掉里面的杂质，为冲泡龙井做准备。

温杯。将开水倒入茶杯中，盖上盖子，让热气在茶杯内散发、预热，以免泡茶时茶杯影响水的温度。

清洗器具。茶是至清至洁、天涵地育的灵物，泡茶所用的器皿也必须是至清至洁的。使用干净的器皿，茶泡好后，才能够更好地观赏茶汤碧绿的汤色、细嫩的茸毫，以及茶叶在水中的姿态。这道程序需要当着客人的面，把本来就干净的茶杯再烫一遍，以示尊敬。

置水。龙井茶极其细嫩，若直接用开水冲泡，会烫熟茶芽，造成熟汤失味，所以要先把开水注入茗炉壶中养一会儿，待水温降到85℃左右再来冲茶，用这样的水冲泡出来的茶，才会色、香、味俱佳。

第七道

投茶。用茶匙将西湖龙井有比例地投到冰清玉洁的杯中，这叫“清宫迎佳人”。苏东坡有诗云：“戏作小诗君勿笑，从来佳茗似佳人。”

第八道

润茶。即向杯中注入约 1/4 容量的热水，起到润茶的作用。浸润茶芽，为冲泡打基础。

第九道

冲泡。冲泡龙井茶也讲究冲水，在冲水时使水壶有节奏地三起三落而水流不间断，意为凤凰再三向各位嘉宾点头致意。凤凰三点头不仅是为了泡茶本身的需要，也是为了显示冲泡者的姿态优美，更是中国传统礼仪的体现。“三点头”象征着对客人的鞠躬行礼，是对客人表示敬意的形式，也表达了对茶的敬意。

第十道

养茶。冲水后，盖上盖子，将茶温养一下，让茶的滋味散发出来。

第十一道

揭开盖子，会发现冲泡后的龙井茶吸收了水分，逐渐舒展开来，并慢慢沉入杯底，这称为“碧玉沉清江”。在热水的浸泡下，龙井茶慢慢地舒展开。尖尖的芽茶如枪，展开的叶片如旗，展开的茶芽簇立在杯底，在清碧澄清的水中或上下沉浮，宛如春兰初绽，又似有生命的绿精灵在舞蹈。茶人称这个特色程序为“杯中看茶舞”，十分生动有趣。

第十二道

敬奉香茗。待茶完全舒展，散发茶香时，给客人敬奉香茗。

碧螺春

『洞庭无处不飞翠，碧螺春香万里醉。』碧螺春，名若其茶，色泽碧绿，形似螺旋，产于早春。碧螺春是中国十大名茶之一，产于江苏省苏州市吴县太湖的洞庭山，也就是今苏州吴中区，所以又称『洞庭碧螺春』。碧螺春茶条索紧结，卷曲如螺，白毫毕露，银绿隐翠，叶芽幼嫩，冲泡后茶叶徐徐舒展，上下翻飞，茶水银澄碧绿，清香袭人，口味凉甜，鲜爽生津，早在唐末宋初便列为贡品。

茶、水比例 1 ∶ 50

水温 80℃

宜 茶汤饮用和闻香的温度均为 45 ~ 55℃。第一泡的茶汤余 1/3 时续水，此为第二泡。若茶叶肥壮，二泡茶汤正浓，饮后舌本回甘，齿颊生香，余味无限。饮至三泡，一般茶味已淡。

忌 碧螺春茶叶愈嫩绿，泡茶水温愈低。水温过高，易烫熟茶叶，茶汤变黄，滋味较苦。但水温也不能低于 80℃，否则渗透渗出性差，茶味稀薄。

碧螺春茶艺如下：

第一道

“茶须静品，香能通灵”。在品味碧螺春之前，首先让自己的身心平静下来，以便以空明虚静之心，去体悟这碧螺春中所蕴含的大自然的信息。

第二道

将碧螺春所需要的茶具一一展示出来，供客人观看。

煮水。将泉水在炉子上面烧沸，沸过的水泡茶最好。但是温度要适宜，这里先用沸水为清洗茶具做准备。

鉴赏干茶。碧螺春有“四绝”——“形美、色艳、香浓、味醇”。鉴赏过程就是欣赏它的第一绝：“形美”。碧螺春条索纤细、卷曲成螺、满身披毫、银白隐翠，多像民间故事中娇巧可爱且羞答答的田螺姑娘。

清洗茶具。用晶莹的杯子好比是冰清玉洁的仙子，所以此过程又称为“仙子沐浴”，意思是再清洗一次茶杯，以表示崇敬之心。

注水。冲泡碧螺春只能用80℃左右的开水，在烫洗了茶杯之后，应把开水注入到茗炉壶中养一会儿，不用盖上壶盖，让壶中的开水随着水汽的蒸发而自然降温到80℃左右。这个过程中，壶口蒸汽氤氲，所以这道程序称为“玉壶含烟”。将温度合适的水注入公道杯中。

投茶。将茶荷里的碧螺春拨到已冲了水的杯中。满身披毫、银白隐翠的碧螺春纷纷扬扬飘落到杯中，吸收水分后即向下沉，瞬间白云翻滚，水花翻飞，煞是好看。

润茶。盖好杯盖，等待水温将碧螺春完全滋润浸泡，茶叶完全泡开。

将茶杓放置在公道杯上。再用茶杯盖将碧螺春表层拂到一边，留出口子，将茶杯中的茶水注入公道杯中。

将公道杯中的茶水点在品茗杯中，可以看到碧绿的茶水，氤氲的蒸汽使得茶香四溢，清香袭人。

将倒好的碧螺春端给客人品尝。

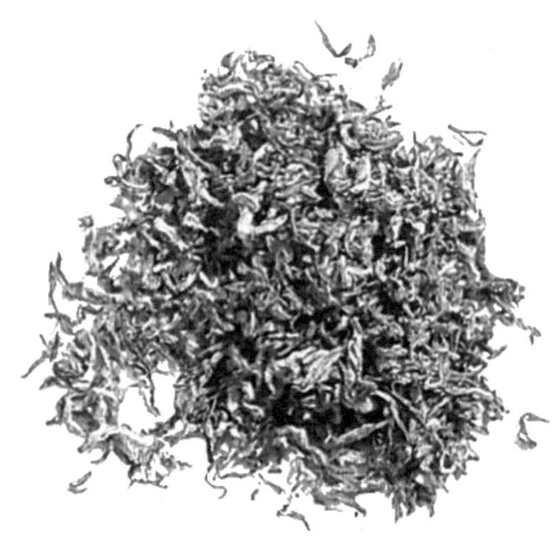

黄茶茶艺

黄茶茶艺很具有特色，可以看到泡茶过程中，茶叶在水中三起三落的情形。现以蒙顶黄芽和君山银针为例，详细叙说黄茶茶艺。

蒙顶黄芽

蒙顶黄芽是一种较为特别的茶，有暗香，有醇味，具有茶的一切特征。蒙顶黄芽为中国十大名茶，是至今还在保留闷黄工艺的顶级黄芽茶。

蒙顶黄芽叶细而长，味甘而清，色黄而碧，酌杯中香云蒙覆其上，凝结不散，以其异，谓曰仙茶。『琴里知闻唯渌水，茶中故旧是蒙山』。蒙顶黄芽茶艺也是一项非凡而有欣赏价值的技艺。

茶、水比例 1 ∶ 50

水温 70℃

宜 蒙顶黄芽浸泡 4 ~ 6 分钟后饮用最佳。时间太长，茶水会有苦涩味。

忌 忌用保温杯泡茶；忌用沸水泡茶。

蒙顶黄芽茶艺如下:

备器。冲泡黄芽宜用无色透明玻璃杯，这样便能更好地欣赏茶叶在水中上下翻飞、翩翩起舞的仙姿，观赏黄芽汤色、茸毫。其余的器具也要先准备好。

择水和候汤。冲泡蒙顶黄芽，要选择清轻甘活的软水，以山泉水为佳。“活水还须活火煎”，烧水要用武火急煮，可以看到茶壶中不断升腾的气泡。

温杯。用沸水将茶杯清洗一遍，去掉杯中的茶垢和灰尘，以便观赏的时候能够看到蒙顶黄芽的冲泡状况。

赏茶。蒙顶黄芽外形扁直，色泽微黄，芽毫毕露，在泡茶前，可以清晰地看到蒙顶黄芽的干茶。

投茶。茶与水的用量比例适中，泡出来的茶就清香宜人。冲泡黄芽，茶叶与水的比例大致为 1 ∶ 50，即每杯投茶叶 2 克左右，冲水 100 毫升。

浸润。蒙顶黄芽的润茶方法是采用“回旋注水法”，轻轻地将水沿杯子周边旋转着冲入，注水量占杯容量的1/4～1/3。浸润时间20～60秒，目的是使黄芽吸水膨胀，便于内含物质的析出。

盖上杯盖后，端起茶杯摇一摇，让蒙顶黄芽里面的物质全部均匀地混合在一起。

冲泡。提高水壶，让水由高处向下冲去，并利用手腕的力量，将水壶由上向下反复提举三次，这一动作被称为“凤凰三点头”。注水入杯约七成，意为“七分茶，三分情”。“凤凰三点头”的作用，一点头是让杯中的茶叶在水的冲击下上下翻滚，促使茶叶中的有效成分迅速浸出；二点头是对宾客表示敬意；三点头象征着谦逊、真诚，如同行鞠躬礼。

盖上茶杯盖，可以看到在底部被浸润的茶，一根根从底部浮起来，仔细观看，可以发现蒙顶黄芽三起三落的情形。

敬奉香茗。在蒙顶黄芽完全泡开后，黄芽形似雀舌、嫩绿披毫，汤色黄绿、清澈明亮。双手捧起，递给客人品尝。

君山银针

『金镶玉色尘心去，川迥洞庭好月来。』君山茶历史悠久，唐代就已十分有名，在清朝时更被列为『贡茶』。

『帝子潇湘去不还，空余秋草洞庭间。淡扫明湖开玉镜，丹青画出是君山。』在八百里浩渺的洞庭湖中，荡漾着一颗绿色的翡翠，远望如横黛，近观似青螺，这里生态条件独特，冬春多雾，夏秋多云，七十二座山峰横卧在浩渺的烟波之中，满山茂林翠竹，郁郁葱葱，遍地奇花异草，此处便是湖南岳阳洞庭湖中的君山。仙境般的君山即是君山银针的产地。

君山银针形细如针，故名之。成品茶芽头茁壮，长短大小均匀，茶芽内面呈金黄色，外层白毫显露完整，而且包裹坚实，茶芽外形很像一根根银针，雅称『金镶玉』。君山银针冲泡若得法，就有杯中异景：芽叶缓缓伸展，冲向水面吊挂，继而垂垂下降，一升一降，反复有三，最后茶叶簇立杯底，像春笋出土，似刀枪林立，真是『茶叶异景』。

茶、水比例 1 ∶ 50

水温 70℃

宜 冲泡的速度要快，冲水时将壶嘴从杯口迅速提至六七十厘米的高度再注水入杯中。

忌 忌用湿杯泡茶，避免茶芽吸水而降低茶芽的竖立率。

君山银针茶艺如下：

准备器具。泡君山银针最好用玻璃杯。

煮泉。冲泡君山银针对水温和水质都是有讲究的，茶是灵魂之饮，水是生命之源，茶中有道，水中也有道，宜茶之水“五诀”为“清、活、轻、甘、洌”。

温杯。用烧好的沸水将茶杯清洗一遍，用手捧着玻璃杯，轻轻旋转几圈，去掉杯中的茶垢和灰尘。

品鉴干茶。君山银针需在每年的清明前后5天左右，采摘单一茶芽，经8道工序，历时72小时精制而成。“湖光秋月两相和，潭面无风镜未磨；遥望洞庭山水翠，白银盘里一青螺”。君山银针成茶全由芽头制成，茶身满布毫毛，色泽鲜亮，香气高爽。

投茶。将4～5克君山银针投入每个水晶玻璃杯中，金黄闪亮的茶芽徐徐降落杯底，形成一道美丽的景观。

润茶。将水注入玻璃杯中，以盖好茶叶为宜。然后用手微微将杯子摇晃，此目的是用水将茶里面的物质析出。

冲水。采用凤凰三点头的方法将水冲至七分满。

气蒸云梦。玻璃杯上方会有浓浓热气，杯中翻腾的沸水恰似洞庭湖水，惊涛拍岸，这一过程称为“气蒸云梦”。有诗说：“八月湖水平，涵虚混太清，气蒸云梦泽，波撼岳阳城。”

三起三落。热气慢慢散开后，能够看到银针一根根从底部浮起，逐时变幻，忽而沉入杯底，忽而浮起，然后又慢慢落下。

敬奉香茗。待茶完全泡好后，递给客人品尝。

青茶茶艺

青茶是中国六大茶类之一，被誉为茶业百花园中的一朵奇葩，香飘四海，饮誉五洲。青茶的茶艺有很多种，每一种因地域和传统的不同又有很多的方式。品饮青茶不仅可以生津止渴，而且是一种艺术享受。

青茶泡饮技艺三个要素，即泡茶用水、泡茶器具和泡饮技艺，并掌握“水以石泉为佳，炉以炭火为妙，茶具以小为上”的原则。现在以大红袍和铁观音为例鉴赏茶艺。

大红袍

大红袍是武夷山最负盛名的茶树，被誉为『茶中之王』。它是清代贡茶中的极品，乾隆皇帝在品饮了各地贡茶后曾题诗评价说：『就中武夷品最佳，气味清和兼骨鲠。』

大红袍茶树生长在九龙窠内的一座陡峭的岩壁上。成茶外形条索紧结，色泽绿褐鲜润，冲泡后汤色橙黄明亮，叶片红绿相间，典型的叶片有绿叶红镶边之美感。大红袍很耐冲泡，冲泡七八次仍有香味。品饮『大红袍』茶，必须按『工夫茶』小壶小杯细品慢饮的程式，才能真正品尝到岩茶之巅的禅茶韵味。

茶、水比例 1 ∶ 20

水温 100℃

宜 使用容量 150 ~ 200 毫升的中型壶为宜。沸水冲泡，悬壶高冲，出水低斟。“头泡汤（不喝），二泡茶，三泡四泡是精华”。

忌 大红袍不宜在睡前或空腹时饮用。新茶不宜多喝，存放不足半个月的新茶未退火，喝了容易上火。

大红袍茶艺如下：

恭迎茶王。在碧水丹山的良好生态环境中所生产的大红袍具有“臻山川精英秀气之所钟，品俱岩骨花香之胜”的品质。

静备茶具。大红袍一般用紫砂壶或者盖碗。

煮水。大红袍很耐泡，宜用100℃的水冲泡。

大彬沐霖。时大彬是明代制作紫砂壶的一代宗师，所以后代茶人常把他做的紫砂壶称为“大彬壶”。冲泡大红袍这样的茶王，只用有大彬壶才能相得益彰。用煮好的水将器具清洗一遍，盖好壶盖，将品茗杯里面的水倒在壶盖上。

品鉴干茶。大红袍条索紧结壮实，稍扭曲，色泽油润带宝色。陈茶则色泽灰褐。茶叶的叶底也可以作为茶叶品质的参考，应软亮匀齐，叶底红边明显。

茶王入宫。用茶匙把大红袍请入茶壶。

高山流水。大红袍茶艺讲究“高冲水，低斟茶”。高山流水有知音，这倾泻而下的热水，如瀑布在鸣奏着大自然的乐章。

春风拂面。用壶盖轻轻刮去茶汤表面的白色泡沫，以便茶汤更加清澈亮丽。

乌龙入海。大红袍讲究“头泡汤，二泡茶，三泡四泡是精华”。所以把头一泡的茶汤用于烫杯或直接注入茶盘，称为“乌龙入海”。

一帘幽梦。第二次冲入开水后，茶与水在壶中相依偎、相融合。这时，还要继续在壶的外部浇淋开水，以便让茶在滚烫的壶中孕育出香，孕育出妙不可言的岩韵。这种神秘的感觉恰似一帘幽梦。

祥龙行雨。将壶中的茶汤快速而均匀地注入杯中，称为“祥龙行雨”，取其“甘霖普降”的吉祥之意。

凤凰点头。当改为点斟的手法时称为“凤凰点头”，象征着向各位嘉宾行礼致敬。

敬献香茗。即把冲泡好的大红袍敬献给各位嘉宾品尝。

铁观音

铁观音独具『观音韵』，清香雅韵，『七泡余香溪月露，满心喜乐岭云涛』。它不仅香浓味醇，是天然可口的佳饮，而且养生保健功能在茶叶中也属佼佼者，具有抗衰老、抗动脉硬化、防治糖尿病、减肥健美、防治龋齿、清热降火、敌烟醒酒等功效。

茶、水比例 1 : 20

水温 100℃

宜 用陶瓷、紫砂壶泡茶最佳。头泡倒掉，二泡 30 ~ 90 秒，三泡 30 ~ 60 秒，四泡 60 ~ 120 秒最好。

忌 忌用不沸的水泡茶；忌冲泡次数过多。

铁观音茶艺如下：

神茶入境。在沏茶前应以清水洗手，端正仪容，以平静、愉悦的心情进入茶境，备好茶具。

展示茶具。茶匙、茶斗用于装茶，茶夹用于夹杯洗杯。炉、壶、瓯杯以及托盘号称“茶房四宝”，遵循安溪传统加工而成。茶房四宝不仅仅是泡茶专用，对于放茶叶、闻香气、冲开水、倒茶渣等都非常方便。

烹煮泉水。沏茶择水最为关键。水质不好会直接影响茶的色、香、味，只有好水好茶味才美。冲泡安溪铁观音，烹煮的水温需达到100℃，这样最能体现铁观音独特的香韵。

沐霖瓯杯。“沐霖瓯杯”也称“热壶烫杯”。先洗盖瓯，再洗茶杯，这不但能提升瓯杯的温度，又清洁卫生。

观音入宫。用茶匙从茶斗取茶叶，倒入瓯杯，美其名曰“观音入宫”。

干茶鉴赏。肥状、重实、色泽砂绿，干茶（茶米）香气清纯的，此类茶即观音特征明显，均为上品茶。

悬壶高冲。提起水壶，对准瓯杯，先低后高冲入，使茶叶随着水流旋转而充分舒展。

春风拂面。左手提起盖瓯，轻轻地在瓯面上绕一圈，把浮在水面上的泡沫刮起，然后右手提起水壶，把盖瓯冲净，称“春风拂面”。

瓯里酝香。茶叶下瓯冲泡，需等待一至两分钟，才能充分地释放出独特的香和韵。冲泡时间太短，色香味发挥不出来；冲泡时间太久会“熟汤失味”。

三龙护鼎。斟茶时，用右手的拇指、中指夹住盖瓯的边沿，食指按在瓯的顶端，提起盖瓯，把茶水倒出。三个指称为三条龙，盖瓯称为鼎，称“三龙护鼎”。

观音出海。“观音出海”在民间称为“关公巡城”，就是把茶水依次巡回均匀地斟入各茶杯里，斟茶时应低行。

点水流香。“点水流香”在民间俗称“韩信点兵”，就是斟茶斟到最后，要把瓯底最浓的部分，均匀地慢慢滴到各茶杯里，达到浓淡均匀、香醇一致。

敬奉香茗。双手端起茶盘彬彬有礼地向各位嘉宾、朋友敬奉香茗。

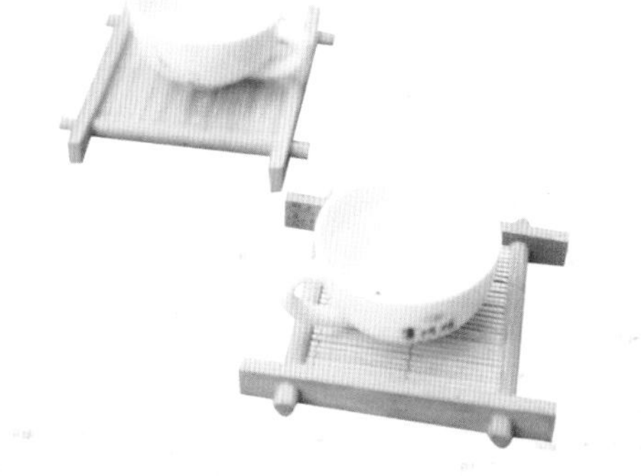

黑茶茶艺

黑茶茶艺是中国特有的茶类艺术，源于中国传统节日中最具浪漫色彩的节日——七夕节。黑茶茶艺包括黑茶品评技法、黑茶艺术性冲泡的鉴赏、品茗美好环境的领略等。整个品茶过程意境很美，过程体现形式和精神的相互统一。

普洱熟茶

普洱茶是以云南大叶种晒青毛茶为原料，经过渥堆发酵等工艺加工而成。普洱熟茶色泽褐红，滋味醇厚，具有独特的陈香。由于普洱熟茶茶性温和，保健功能较好，所以很受大众喜爱。

茶、水比例 1 ∶ 45

水温 100℃

宜 普洱熟茶一般要求水温较高，冲泡时最宜选用紫砂壶，有助于水温的保持，使汤色更为透亮，滋味更为醇厚。

忌 忌用不沸的水泡茶，忌洗茶速度过慢。每次茶泡好后不能在壶里泡太长时间，否则会将茶叶闷熟失味。

普洱熟茶茶艺如下：

沉气静心。茶须静品，在泡茶之前，保持心旷神怡，以虔诚的态度来进行茶艺。

涤静心源。在冲泡普洱茶之前，先将手洗干净，寓意洗净心中的凡尘，让自己的心变得纯洁、空灵，只有这样才能泡出普洱的神韵。

选用茶具。最好选用紫砂壶，它不夺茶之香气而又熟其汤味，紫砂陶质地古朴纯厚，不媚不俗，与文人气质十分相似，以致文人深爱笃好、以坯当纸，或撰壶名，或书款识，或刻以花卉，托物寓意，每见巧思。

孟臣沐霖。将沸水倒入紫砂壶中，温具。孟臣是明代制作紫砂壶的一代宗师，他制作的紫砂壶被后人赞叹，视为至宝，所以后人把名贵紫砂壶称为“孟臣壶”。

若琛出浴。茶杯洗净浴出。若琛是清初人，以善制茶杯而出名，后人把名贵的茶杯比喻为若琛杯。若琛杯冰清玉洁、一尘不染，以表示对嘉宾的尊敬。

品鉴干茶。将普洱茶用茶匙倒出，看到普洱熟茶的外形。

佳茗入宫。取普洱茶 5 ~ 7 克置入孟臣壶中。

第八道

高山流水。普洱茶茶艺讲究高冲水、低斟茶，高山流水有知音。通过悬壶高冲倾泻而下的热水犹如高山的瀑布，使茶叶在壶内随着水流翻滚，起到洗茶的作用。

春风拂面。用壶盖拂去表面的白沫，然后盖上壶盖，再用养壶笔扫去孟臣壶表面的茶渣，以使茶汤更加清澈亮丽，孟臣壶杯身更加洁净无染。

除却沧桑。普洱属于黑茶类，陈年普洱茶是生茶在干仓经过多年陈化而成，在冲泡时，头一泡茶汤不喝，用于温烫杯具。

一帘幽梦。第二次冲入开水后，茶与水在壶中相依偎、相融合，这时还要在壶的外部淋浇开水，以便让茶在滚烫的壶中，孕育出香，孕育出味，孕育出妙不可言的陈韵。这种神秘的感觉，恰似一帘幽梦。

母子相哺。茶道最讲究温馨，通常要准备两把壶：一把用于泡茶，称为母壶；一把用于储存茶汤，称为子壶。把泡好的茶汤倒入子壶，称为母子相哺。

第十三道

温淋鲜茶。在母壶中注入水，盖好壶盖，并将子壶中的水淋在母壶上。

第十四道

祥龙行雨。再次将母壶中的水注入子壶，并把子壶中的茶汤快速而均匀地依次注入茶杯，称为“祥龙行雨”，取其“甘露普降”的吉祥之意。

第十五道

麻姑祝寿。麻姑是我们神话传说中的仙女，在东汉时期得道于江西南城县麻姑山，她得道后常用仙泉煮茶待客，喝了这种茶，凡人可延长寿命，神仙可增加道行。这道程序是预祝客人健康长寿、福禄多多。

普洱生饼

普洱生饼口感强烈，刺激性较强。如果用高温冲泡，清香水甜而薄，带涩味。普洱生饼以黄绿、青绿色为主。茶菁由青绿至墨绿色为主，有些部分转黄红色。通常新制茶饼味道不明显，如果经过高温，则有烘干香甜味。

茶、水比例 1 ∶ 50

水温 95 ~ 100℃

宜 第一泡时间以 10 ~ 20 秒为宜，以后每泡时间增加 10 ~ 15 秒。

忌 生茶投量少于熟茶。生茶不宜闷泡。

普洱生饼茶艺如下：

孔雀开屏。孔雀开屏是孔雀向同伴展示自己美丽的羽毛，普洱生饼茶艺借助这道程序向客人展示本次茶艺表演的茶具：紫砂壶、公道杯、品茗杯、茶盘、茶道组、随手泡、茶洗、茶滤、赏茶荷、茶巾。

温杯。温杯洁具还可以提高壶身温度，以免壶身温度过低而影响茶汤质量。选用紫砂壶来冲泡，是因为紫砂壶质地坚硬而透气性好，能孕育茶香，提升茶汤滋味。

洁具。茶是至清至洁之物，用洁净的茶具来冲泡，是为了保持茶性的自然与真实，也是对客人的尊敬。

鉴赏干茶。普洱茶有着悠久的历史，选用云南大叶种晒青毛茶为原料。茶性寒凉，清香持久。

投茶。将茶叶缓缓拨入壶中，投茶量为壶的三分之一为宜，也可根据客人的喜好而定。

洗茶。玉泉高至，洗净世间凡尘。普洱茶在多年的陈化过程中，沾染了许多的灰尘，所以在冲泡前要进行快速洗茶，去除茶中的异味和粉尘，浸润茶叶，起到醒茶的作用。洗茶的茶汤是不能喝的，应及时倒掉，否则会影响茶汤的滋味。洗茶水一出，马上揭盖闻香，茶香一出，洗茶程序结束，切不可一洗再洗。

冲泡。冲泡又称行云流水，就是要用新鲜洁净的软水来冲泡茶叶，采用悬壶高冲，将水注入紫砂壶中。冲泡普洱茶的水温要求达到95℃以上，高温才能激发茶性，提炼茶香。

孕育茶香。人生有许多风景，最美的莫过在风中的等待，品茶的过程也是相同的道理，冲泡时间太短，色、香、味难以显示，太久则会熟汤失味。普洱茶第一泡茶的浸泡时间以10～20秒为宜，以后每泡时间增加10~15秒。

分茶入杯。俗语说“酒满敬人，茶满欺人”，每一杯茶只倒七分满，留下三分茶情，斟茶时每杯要浓淡一致、多少均等。

敬茶。齐眉案举，敬献香茗。

白茶茶艺

白茶是中国六大茶类之一。白茶的药效性能很好，据民间长期饮用和实践及现代科学研究证实，白茶具有解酒醒酒、清热润肺、平肝益血、消炎解毒、降压减脂、消除疲劳等功效，尤其针对烟酒过度、油腻过多、肝火过旺引起的身体不适、消化功能障碍等症，具有独特、灵妙的保健作用。

白毫银针

白毫银针，白如云，洁如雪，香如兰，其性寒凉，是清心涤性的最佳饮品。品饮白毫银针尤应摒弃功利之心，以闲适无为的情怀，按照程序，细细地去品味白毫银针的本色、真香、全味，同时也品出茶中的物外高意。

茶、水比例 1 ∶ 50 ~ 1 ∶ 30

水温 95℃

宜 白茶不炒不揉的工艺决定其耐泡，一杯白茶可冲泡 6~8 次，其中的茶多酚更是 6 泡才能浸出。

忌 忌泡后就饮用。胃寒者要在饭后饮用。

白毫银针茶艺如下：

茶具展示。品饮白毫银针，最好使用玻璃杯。

煮水温杯。将沸水倒入玻璃杯中，温热玻璃杯，以免破坏茶性，使茶味受到破坏。

涤器。还可以称为“空山新雨后”。这道程序依旧是小中见大。洗涤杯子的时候，杯如空山，水如新雨，意味深远。

注水。先在玻璃杯的底部注入一小部分水，用来温养玻璃杯的温度，以便接下来的投茶。

鉴茶。鉴茶看的是茶色。在茶道之中，从小中又可以见大，感悟自己的心境，以这种心境鉴茶，看重的不是茶的色、香、味、形，而是重在探求茶中包含的大自然无限的信息。

投茶。即把茶荷中的茶叶拨入茶杯，茶叶如花飘然而下，故曰“花落知多少”。

冲泡。将水注入玻璃杯中，冲泡投入的茶叶。这个步骤称为“泉声满空谷”。这是宋代文学家欧阳修《虾蟇碚》中的一句诗，在此借用来形容冲水时甘泉飞注，水声悦耳。

品茶。奉茶送给客人品尝。

贡眉

贡眉又被称为寿眉，是白茶中产量最高的一个品种。优质的贡眉成品茶毫心明显，茸毫色白且多，干茶色泽翠绿，冲泡后汤色呈橙色或深黄色，叶底匀整、柔软、鲜亮，叶片迎光看去，可透视出主脉的红色，品饮时感觉滋味醇爽、香气鲜纯。

贡眉是保健茶，但并不是喝得越多越好，也不是所有的人都适合喝。缺铁性贫血者、肠胃或肝功能不良者应尽量不喝或少喝贡眉；不要在空腹时饮茶，起床后便立即饮一杯茶的习惯对健康无益。

茶、水比例 1 ∶ 20

水温 80 ~ 85℃

宜 宜用透明玻璃杯或透明盖碗。

忌 贡眉原料细嫩，叶张较薄，冲泡时水温不宜太高。

贡眉茶艺如下：

第一道 备具。将贡眉冲泡时的用具放置在台上。冲泡贡眉最好使用透明的玻璃碗，便于观赏。还有玻璃冲水壶、观水瓶、竹制的本色茶盘、茶托、茶荷、茶匙、茶枝、茶巾等器具。

第二道 备水。将玻璃壶中的水烧沸备用。泡贡眉一般用 80 ～ 85℃的水为最好。

第三道 温杯。倒入少许开水于透明的茶杯中，盖好茶盖，保持茶杯的温度不影响茶性。

第四道 洗涤。将用开水烫过的茶杯中的水倒掉，洗过的茶杯晶莹透明，看起来一尘不染。

第五道 赏茶。贡眉毫心明显，茸毫色白且多，色泽翠绿，可以看到贡眉的品质。

第六道 置茶。用茶匙取贡眉少许置放在茶荷中，然后向每个杯中投入3克左右白茶。

第七道 浸润泡。提举冲水壶，将水沿杯壁冲入杯中，水量约为杯子的1/4，目的是浸润茶叶，使其初步展开。

运茶遥香。左手托杯底，右手扶杯，将茶杯顺时针方向轻轻转动，使茶叶进一步吸收水分，香气充分发挥。

冲泡。冲泡时采用回旋注水法，可以欣赏到茶叶在杯中上下旋转，加水量控制在约占杯子的 2/3 为宜。冲泡后静放 2 分钟。

奉茶。用茶盘将刚沏好的贡眉奉送到来宾面前。

红茶茶艺

红茶品种很多，饮用广泛，风靡一时。红茶有工夫饮法和快速饮法之分，按茶汤浸出方式而言，有冲泡法和煮饮法之分。但不论何种方法饮茶，红茶都有独特的品饮技艺。

祁门红茶

祁门工夫红茶的冲泡一般可选用清饮，最能品味祁门红茶的隽永香气。茶具宜用保温性强的，可使茶叶中的有效成分容易浸出，可以得到比较浓厚的茶汤。

春天饮红茶最适宜，当作下午茶、睡前茶也很合适。

茶、水比例 1 ∶ 50

水温 90 ~ 95℃

宜 冲泡时间为 2 ~ 3 分钟，可泡 2 ~ 3 次。

忌 忌茶水冲泡浓度不一致。

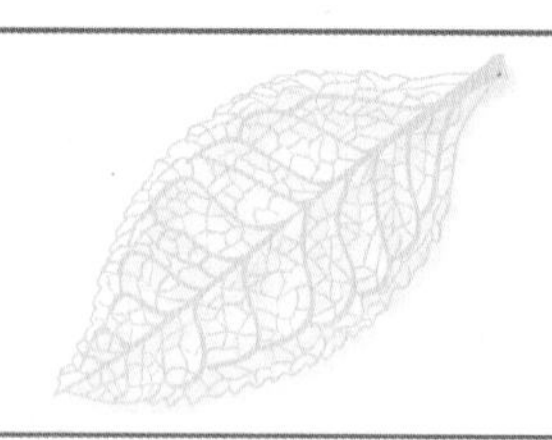

祁门红茶茶艺如下：

备具。祁门红茶的茶艺技艺，要求先备好茶具。

烫壶。用热水提高茶壶的温度，这样能够提高茶香。

温杯。将水注入茶碗中，并盖好盖，让茶杯充分受热，不影响茶性，然后将水倒入茶海。

涤器。将茶海中的水倒入透明的茶杯中，将茶杯洗涤一遍，以透明清晰为宜。

赏茶。祁门红茶外形条索紧细匀整，锋苗秀丽，色泽乌润，俗称“宝光”。

投茶。祁门红茶被誉为“王子茶”，所以这一步也称“王子入宫”。将茶叶慢慢投入到茶碗中。

洗茶。将沸水冲入茶碗中，用茶盖撇去浮沫，并将茶盖冲洗干净。

烫杯。将茶碗中的水倒入茶海中，并用茶海中的水继续烫杯，提高所有茶具的温度。将烫好的杯具中的水倒掉。

悬壶高冲。第二次冲入沸水，悬壶高冲会使茶香更浓，滋味更纯。盖上盖，让茶与水相融合。

分茶。将茶碗中的水倒入公道杯均匀茶汤，然后倒入每个小杯中。这样会使每个人得到色、香、味一致的茶汤。

敬奉香茗。祁门红茶香气浓郁高长，香气甜润中蕴藏着一股兰花之香，被誉为“祁门香”。

正山小种

正山小种又称拉普山小种。茶叶是用松针或松柴熏制而成的，有着非常浓烈的香味。正山小种的成品茶，条索肥壮，紧结圆直，色泽乌润，因为熏制的原因，茶叶呈黑色，但茶汤为深红色。冲水后汤色艳红，经久耐泡，滋味醇厚，似桂圆汤味，气味芬芳浓烈。

正山小种在原来的基础上发展了工夫红茶。

茶、水比例 1 ∶ 50

水温 100℃

宜 高冲水低斟茶；每泡茶出水一定要透彻。

忌 茶叶量不要太多。头泡（温茶）忌超过 10 秒，前 4 泡浸泡时间不宜超过 30 秒，最长冲泡时间忌超过 60 秒。

正山小种茶艺如下：

赏识茶具。茶道瓶或收纳筒、茶则、茶匙、茶夹、茶漏、茶针等器物被称作“茶道六君子”。

沐霖醒壶。将水烧开，水满后盖上盖，再冲水，为壶、杯升温。静静放置的紫砂壶，如沉睡的仙子。倾尽一泉温热，是轻轻的呼唤。

高山流水。高角度将沸水分别均匀倒入品茗杯和闻香杯内洗杯。昔日高山听流水，伯牙遇子期。今日流水依旧，知音何求？第二、三道程序，其实是温杯和洗具。

观赏佳茗。用旋转法取茶放入茶荷，给客人展示。正山小种红茶，外形条索肥实，内质香气醇厚。因为用当地的马尾松熏制而成，所以色泽乌润，有着非常浓烈的香味。

香茗入宫。将茶叶分 3 次放入壶中。香茗似佳人，轻移莲步，满室生香。

芳草回春。向紫砂壶中冲水，先沿壶口旋转注入 1/3 的水，使茶浸润，再悬壶高冲。冲泡正山小种红茶的水温以沸水为宜。

再冲香茗。将经过第一次沸水浸润的茶水全部倒出，然后再向壶中冲水，以第二次注水为最佳。

祥龙行雨。也称“关公巡城”。将紫砂壶中的茶汤分入闻香杯，甘霖普降。茶，只倒七分左右，俗语有云“七分茶，三分情”。

敬奉香茗。将品茗杯和闻香杯一起放入茶托，送给客人品尝。

陆之饮

落日平台上，春风啜茗时

翼而飞，毛而走，去而言，此三者俱生于天地间。饮啄以活，饮之时，义远矣哉。至若救渴，饮之以浆；蠲忧忿，饮之以酒；荡昏寐，饮之以茶。茶之为饮，发乎神农氏，闻于鲁周公，齐有晏婴，汉有扬雄、司马相如，吴有韦曜，晋有刘琨、张载远、祖纳、谢安、左思之徒，皆饮焉。滂时浸俗，盛于国朝，两都并荆俞间，以为比屋之饮。饮有粗茶、散茶、末茶、饼茶者，乃斫，乃熬，乃炀，乃舂，贮于瓶缶之中，以汤沃焉，谓之茶。或用葱、姜、枣、橘皮、茱萸、薄荷之等，煮之百沸，或扬令滑，或煮去沫，斯沟渠间弃水耳，而习俗不已。於戏！天育万物皆有至妙，人之所工，但猎浅易。所庇者屋屋精极，所着者衣衣精极，所饱者饮食，食与酒皆精极之。茶有九难：一曰造，二曰别，三曰器，四曰火，五曰水，六曰炙，七曰末，八曰煮，九曰饮。阴采夜焙非造也，嚼味嗅香非别也，膻鼎腥瓯非器也，膏薪庖炭非火也，飞湍壅潦非水也，外熟内生非炙也，碧粉缥尘非末也，操艰搅遽非煮也，夏兴冬废非饮也。夫珍鲜馥烈者，其碗数三；次之者，碗数五。若坐客数至，五行三碗，至七行五碗。若六人已下，不约碗数，但阙一人而已，其隽永补所阙人。

千里不同风，百里不同俗：茶之风俗

提到饮茶，现代人想到的方式大都是泡。然而，饮茶的风俗在不同的时期、不同的地方，都有着各自独特的方式，如唐代之煎煮、宋代之点注。在一些少数民族的村寨里面，还有着令人意想不到的品茶方式，如傣族有“腌茶”，拉祜族有“竹筒茶”，苗族有“八宝油茶”，基诺族有“凉拌茶”，彝族有“火焯茶”……可以说，饮茶和其他文化一样，都深深刻画着时代及民族的烙印。

滂时浸俗，盛于国朝：饮茶习俗

我国地域辽阔，人口众多，民族众多，这就导致了各个地方饮茶习俗的不同。以茶待客、以茶会友等风俗也各有特色，并形成了独特的茶文化流传下来。

从以茶代酒，到饮茶成为一种独特的文化，用来招待宾朋。作为礼节，此过程中都十分有讲究。客来沏茶、敬茶要做到“五好”：

茶叶品质：招待客人的时候，一般由客人的喜好来泡茶，但在茶叶的品质方面，需要选取纯净、干燥、滋味香醇的成品茶。而那些有异味、异物，受潮的茶叶，要将之抛弃在一边。

沏茶水质：前面已经讲了水是茶泡好泡坏的关键，直接决定茶汤的色、香、味。古时泡茶，十分讲究水质。

茶具：茶具也有不同的种类，饮茶讲究主随客便，根据不同饮茶习惯、喜好为客人选择不同茶具，例如紫砂壶、玻璃杯、盖碗杯等。

冲泡技艺：冲泡也是饮茶过程中十分重要的程序，要根据茶类的不同选用不同的水温、水量、冲泡技艺。

敬茶礼节：客到敬茶，主人讲究“端、斟、请”，客人留意“接、饮、端”的动作。

客来敬茶是最基本的饮茶礼节。在我国，因各个地区的不同，饮茶的风俗方面也有很大的不同。

①汉族的清饮法

汉族人主要采取清饮，他们认为品饮茶的清汤最能体现茶的特质。这也是我国大多数人采用的饮茶方法。清饮的方法是用开水直接冲泡茶叶，不加任何作料。清饮方式各地也不尽相同，大体可分为潮汕啜乌龙、品西湖龙井、广州吃早茶、北京大碗茶、成都盖碗茶等。

②维吾尔族的奶茶与香茶

我国西北部的新疆地区有不同的饮茶风俗。天山以北地区称北疆，主要以加牛奶的奶茶为主；天山以南地区称南疆，则主要以加香料的香茶为主。所以茶品均为茯砖茶。

③藏族的酥油茶

西藏地区的人们大都品饮酥油茶。这是因为西藏地处高原，空气稀薄，气候干燥、寒冷，而酥油茶是一种在茶汤中加入酥油等原料，再经特殊方法加工而成的茶，在茶中加入酥油，可以让滋味呈现出多样化，暖身的同时又能够增强抗寒的能力，这对于藏族人民来说有着重要的作用。

喝酥油茶也很讲究礼节，在客人来访的时候，主人会先奉上糌粑，也就是青稞做成的面或酒，再递上一只茶碗。按辈分高低，逐个倒满酥油茶。青稞酒与酥油茶在藏族的婚嫁中是十分珍贵的，特别是酥油茶，藏族人视其为珍贵礼品，其象征着祝福对方婚姻的美满。

④蒙古族的咸奶茶

蒙古族人喜欢在茶中加入牛奶、盐巴，然后一起煮好，人们称这种茶为“咸奶茶”。咸奶茶一般是用青砖茶和黑砖茶放在铁锅中烹煮。烹煮的时候，加入牛奶。蒙古族人煮茶也十分讲究，注重“器、茶、奶、盐、温”五者的协调。蒙古族的风俗是“三茶一饭”，在每天的清晨，主妇们都会先煮好一锅咸奶茶，以供全家人一天饮用。

⑤傣族、拉祜族的竹筒香茶

在云南等地区流传着竹筒香茶这一风俗。这是傣族与拉祜族独有的一种茶饮料。竹筒香茶的原料细嫩，所以又名“姑娘茶”。竹筒香茶一般是采摘细嫩的一芽二三叶，经杀青、揉捻，装入嫩甜竹筒内烹煮，或者将毛尖与糯米一起蒸，茶叶软化后倒入竹筒内。竹筒香茶具有竹香、米香、茶香的特点。

⑥苗族、侗族的打油茶

我国桂北侗、壮、苗多民族聚居地流行打油茶，是用油炸糯米花、炒花生或者浸泡的黄豆、玉米、炒米和新茶制作而成的，又称豆茶。

⑦白族三道茶

白族流行三道茶，不论过节、寿诞、婚嫁、宾客来访，主人都会以“一苦二甜三回味”的三道茶来款待。主人依次向宾客敬苦茶、甜茶和回味茶，象征人生的感悟。

⑧土家族擂茶

擂茶又名“三生汤”，是用生叶、生姜、生米等三种生质原料加水煮成。擂茶有清热解毒、通经理肺的功能。在我国川、黔、鄂、湘四省交界地区，居住着大量的土家族人，他们视其为三餐不可或缺的饮品。

⑨回族罐罐茶

罐罐茶以中下等炒青绿茶为原料，加水煮制而成。煮茶用的罐子不大，其质地主要用土陶烧制而成。煮茶的过程类似于煎熬中药的过程。罐罐茶主要是回族的饮茶方式，流行于我国大西北一带。

清香先向齿牙生：饮茶方式

饮茶的历史可一直追溯到远古时期，随着饮茶的发展，大体可将饮茶习俗划分为两大类：清饮和混饮。清饮，就是只追求茶的原味，不在茶中加入任何的作料，我国的绿茶、花茶、普洱茶、乌龙茶一般都属于清饮；而混饮则是指在茶中加入作料，改变茶的味道。我国少数民族酥油茶、盐巴茶、打油茶等属于此列。

我国的饮茶风俗，在品饮茶的时候，讲究环境的多重享受。饮茶时，欣赏诗词书画、歌舞戏曲，并配以点心、作料。

清饮

“清饮”是指不在茶中加任何有损茶本味与真香的配料，单单用开水泡茶来喝。

“清饮”可分为四个层次：将茶当饮料解渴，大碗海喝，称为“喝茶”；如果注重茶的色、香、味，讲究水质茶具，喝的时候又能细细品味，可称为“品茶”；如果讲究环境、气氛、音乐、冲泡技巧及人际关系等，可称为“茶艺”；而在茶事活动中融入哲理、伦理、道德，通过品茗来修身养性、陶冶情操、品味人生、参禅悟道，以达到精神上的享受和人格上的升华，这才是中国饮茶的最高境界——“茶道”。茶道不同于茶艺，它不但讲究表现形式，而且注重精神内涵。

混饮

“混饮”是指在茶中加盐、糖、奶或葱、橘皮、薄荷、桂圆、红枣，根据个人的口味嗜好，爱怎么喝就怎么喝。

石上清香竹里茶：道由心悟

中国茶文化的核心是茶道。茶道包括两重含义：一是茶的品饮之道；二是茶里面所包含的思想内涵。茶道是通过品茶活动表现出一定的礼节，并通过茶艺表现精神。茶艺一般讲究的是茶叶、茶汤、茶具、火候、环境，并在其中感悟茶所包含的思想内容。茶道的思想蕴含着中国五千年以来独特的文化内涵。

茶之精神：和、静、怡、真

中国茶道起源于唐朝，茶道的创始人是陆羽。陆羽通过《茶经》讲述了唐代煎茶的茶艺，并确立了品茶修道的思想。唐代茶艺发展到宋代，创立了点茶茶艺，发展了饮茶修道的思想。明清时期，创立了泡茶茶艺。茶道不同于一般的饮茶，它不仅要求饮茶人的技艺，还要求饮茶人的品德修养。“武夷山茶痴”林治先生认为“和、静、怡、真”应作为中国茶道的四谛。

①和：中国茶道哲学思想的核心

中国哲学体系的确立都有“和”这一思想，无论是儒、释、道三教，还是其他流派，“和”都是共通的哲学理念。

茶道所追求的“和”，最早源于《周易》中的“保合大和”，意思是说，世间万物皆由阴阳两要素构成，要保持阴阳协调、保全大和之元气，以普利万物才是人间正道。陆羽的茶道也体现出了“和”这一点。五行学说中，宇宙中的万事万物都能够用五行来解释和归类。《茶经》开篇中便已经解释，茶是南方嘉木，所以茶首先属木。茶树的生长离不开土地，土壤本身包含的矿物质、水分、有机质、土壤生物等也具有五行属性，陆羽在《茶经》中对茶道也有这种论述。陆羽认为，唐代流行的煎茶已经将五行纳入其中。他认为金、木、水、火、土齐全，才能够煎出好茶。煎茶用的风炉是用铁铸的，属于“金”；将风炉放置在地上，属于“土”；在风炉中放入木炭，属于“木”；木炭燃烧生火，属于“火”；风炉上煮的茶汤要加入水，属于“水”。煮茶的过程就是金木水火土五行相生相克，并达到和谐平衡的过程。可见五行调和等理念是茶道的哲学基础。

现代的制茶过程，摘下茶叶，属于“木”；经过铁锅，属于“金”；被炒成干茶，属于“火”；冲泡茶叶，属于“水”；而泡茶一般用陶瓷所制成的茶具，属于“土”。无论是茶的生长过程，还是制茶过程，又或者茶艺，都将五行融入其中。由此可见，茶道中“和”的思想，已经达到极致了。

茶道的儒家思想是从“和”的哲学理念延伸出来的，并推出“中庸之道”的中和思想。儒家认为，茶道的整个过程就是和，和是中，和是度，和是宜，和是当，和是一切恰到好处，超过了这几点，就会

过犹而不及。儒家思想中，对和的诠释，也在茶中尽然可以表现出来。儒家讲求中庸之美，所以在泡茶时，“酸甜苦涩调太和，掌握迟速量适中”。无论是茶礼，还是茶艺，又或者在待客方面，都表现出了和的思想。“奉茶为礼尊长者，备茶浓意表浓情”，这是茶礼；“饮罢佳茗方知深，赞叹此乃草中英”，这是茶艺；“普事故雅去虚华，宁静致远隐沉毅”，这是待客方面表现出来的茶道所需要的品质。

②静：中国茶道修习的必由之径

中国茶道讲求的是修身养性、自我求道。领悟茶道必须在没有喧闹的环境下进行，所以安静是中国茶道修习的必要条件。这个安静，不仅仅指环境，还指心境。所以，追寻茶道也是修身养性的方法。如何去追寻呢？中国茶道讲究“茶需静品”，通过茶事活动，营造宁静和谐的氛围，才能够由此而研习茶道。

道家静止修行中，有老子的：“至虚极，守静笃，万物并作，吾以观其复。夫物芸芸，各复归其根。归根曰静，静曰复命。”有庄子的：“水静则明烛须眉，平中准，大匠取法焉。水静伏明，而况精神。圣人之心，静，天地之鉴也，万物之镜。”老子和庄子这两者所启示的“虚静观复法”，就是要求人们在静中安静修习，明心见性，洞察自然，反观自我，体悟道德的无上妙法。

道家的这种“虚静观复法”体现在中国的茶道中，则表现为“茶须静品”。只有在安静的环境中，保持心灵的平静，才能够达到茶道的至高境界。宋徽宗赵佶在《大观茶论》中这样描写茶道：“茶之为物……冲淡闲洁，韵高致静。”徐祯卿在他的诗《秋夜试茶》中是这样写的：“静院凉生冷烛花，风吹翠竹月光华。闷来无伴倾云液，铜叶闲尝字笋茶。”梅妻鹤子的林逋在《尝茶次寄越僧灵皎》中是这样修习茶道的：“白云南风雨枪新，腻绿长鲜谷雨春。静试却如湖上雪，对尝兼忆剡中人。”戴昺的《赏茶》诗则说：“自汲香泉带落花，漫烧石鼎试新茶。绿阴天气闲庭院，卧听黄蜂报晚衙。”在诗中，就连黄蜂扇动翅膀的声音都清晰可闻，可见这是一种怎样的安静。苏东坡在《汲江煎茶》诗中写道：“活水还须活火烹，自临钓石取深清。大瓢贮月归春瓮，小杓分江入夜瓶。雪乳已翻煎处脚，松风忽作泻时声。枯肠未易禁三碗，坐听荒城长短更。”这首诗生动描写了苏东坡在幽静的月夜临江汲水煎茶品茶的妙趣，堪称描写茶境虚静清幽的千古绝唱。

正是因为中国的茶道是在一种宁静的氛围和一种空灵虚静的心境中才能够领悟，所以，在此环境中，茶的清香会静静地浸润人的心田和肺腑的每一个角落，由环境入心境，心灵也会自然地平静下来，并且在虚静中显得更加空明。精神在虚静中不断升华净化，与大自然融涵玄会，达到“天人合一”的“天乐”境界。

能达到“静”的境界，便可洞察万物、思如风云，心中常乐。道家主静，儒家主静，佛教更主静。在茶道中以静为本，由此通往茶道的微妙境界。在静中享受美，古时很多人都曾在这方面有颇深的领悟。唐代皇甫曾的《陆鸿渐采茶相遇》说：“千峰待逋客，香茗复丛生。采摘知深处，烟霞羡独行。幽期山寺远，野饭石泉清。寂寂燃灯夜，相思一磬声。”这首诗极尽所能地描写了安静环境中，修习茶道的情形。宋代杜小山也有诗说：“寒夜客来茶当酒，竹炉汤沸火初红。寻常一样窗前月，才有梅花便不同。”这里写的是夜的寂静，在夜里用茶当酒，别有一番滋味。清代郑板桥有诗说：“不风不雨正清和，翠竹亭亭好节柯。最爱晚凉佳客至，一壶新茗泡松萝。”这里，郑板桥便在这样的环境之下，达到了心的安静。

在茶道中，静与美常相得益彰。无论是佛、道、儒三家，还是其余人士，都把“静”作为茶道修习的必经大道。只有安静了，人们才能明悟，安静才能够感受到超脱，静才能内敛含藏，静才能洞察明澈，体道入微。所以说“欲达茶道通玄境，除却静字无妙法”。

③怡：中国茶道中茶人的身心享受

中国茶道体现在日常生活中，雅俗共赏，不讲形式，不拘一格。

“怡”有和悦、愉快的意思。“怡”字突出了茶道中有很大的随意性。不论地位、不论信仰、不论文化层次，所有的人在茶道中都能够享受到自己不同的需求。历史上王公贵族讲茶道，重在“茶之珍”，意在炫耀权势，夸示富贵，附庸风雅。文人学士讲茶道，重在“茶之韵”，托物寄怀，激扬文思，交朋结友。佛家讲茶道，重在“茶之德”，意在去困提神，参禅悟道，见性成佛。道家讲茶道，重在“茶之功”，意在品茗养生，保生尽年，羽化成仙。普通老百姓讲茶道，重在“茶之味”，意在去腥除腻，涤烦解渴，享受人生。无论他们研习茶道是为了什么，但是不可否认，人们都在茶事活动中取得了生理上的快感和精神上的畅适。

中国茶道中的怡情，可以在参与的品茶活动中抚琴歌舞，吟诗作画，观月赏花，论经对弈，或者独对山水，或者是翠娥捧瓯，或者潜心读《易》，或者置酒助兴……无论做什么事情，都能够获得心灵上的愉悦。儒生是“怡情悦性”，羽士是“怡情养生”，僧人是“怡然自得”。中国茶道的这种怡悦性情的能力，让它的群众基础极为广泛。

④真：中国茶道的终极追求

中国的文化传统，自从道家说了“道可道，非常道”之后，就不再轻易言道，所有流传下来的文化中，很少看到“道”的字眼。不轻言“道”，但一旦论“道”，则是相当的执着，追求于道的“真”。“真”也是中国茶道的起点，同时也是中国茶道的终极追求。

中国茶道中所展现出来的真，包括茶艺方面的真，有真茶、真香、真味；还包括真的环境——真山真水；真的字画——名家名人的真迹；真的器具——真竹、真木、真陶、真瓷；还包含在茶道中对人的真心、敬客的真情、说话的真诚、心静的真闲。在茶道的每一个环节中，都要认真对待。

概括起来，中国茶道追求的“真”有三重含义。

第一，道之真。这个真指的是自己对于内心的感触，通过茶事活动追求对“道”的真切体悟，借此来修身养性，品味人生。

第二，情之真。这个真指的是情怀，对于感情的领悟，通过品茗述怀，使茶友之间的真情得以发展，茶人之间互见真心。

第三，性之真。这个性指的是性情，一边品茶，一边真正放松自己，让自己在这种无我的境界中去放飞自己的心灵，放任自己的天性，达到“全性葆真”。

中国茶道能够让人更加贴切体会到生命的真。所以，爱护生命，珍惜生命，让自己的身心都在健康、畅适的环境中延伸。在茶道中，经过一次自己对于和、静、怡、真更深切的体会，这就是中国茶道追求的最高层次。

儒茶：中庸茶心

儒家思想是中国传统思想的基础，是中国人的理论依据，也是一种无形的精神依据和中华文明的基石。在儒家思想的基础之上形成的儒家文化，是中国传统文化的主流。儒家文化的特点不仅体现在它有一整套的理论，还体现在它深刻地渗透到了中国人的精神世界和日常生活中。

宋明时期后，儒家文化有了相当严密的理学理论作为支撑，从而在日常的生活中，无论是有意识的还是无意识的，儒家文化都在无形之中规范着人们的行为，更是作为处世的准则。儒家思想已经深入到了中国人的骨子里面，成为中国人的特征。

中国茶道也离不开儒家文化的濡养。无论是在古人茶事活动中，还是从古时的典籍中考证，都能够说明，中国的茶文化有着很深的儒家文化痕迹。

首先，儒家重礼。儒家在施政的方面实行“礼治”。这种礼，在日常生活中能够体现出来，是一种讲究上下尊卑的社会秩序。在中国茶事活动中，无论朝廷还是民间，都体现了这一点。“有朋自远方来，不亦乐乎”，如果是有客来，自然是要讲究礼节，茶礼是必须具备的。敬茶要有顺序，先敬谁后敬谁，都需要按长幼尊卑顺序。

其次，儒家的人格思想，是“仁”。这是儒家思想对于人格的进一步完善。儒家讲究饮食起居，“君子远庖厨”“食不厌精，脍不厌细”，这些反映到茶事上来，便是讲究茶艺。

茶性温，历来都被视为洁净之物，也代表着正直、清廉等品格，颇具君子之风。宋徽宗的《大观茶论》中，详细记载了当时宫廷茶艺的全过程，从茶的制作、包装、冲泡、品饮，还有用水、器具，等等。许多观念和做法对今天的茶事还有影响。儒家思想对于茶的要求，使得本身的君子之风与茶的制作过程与品茶过程融为一体。“君子仁人”，托物寄情，并将儒家思想贯彻在了茶道之中。儒家品茶，品的就是儒家的精神，这是一种入世的、积极有为的精神。

儒家思想入世、积极有为的精神还体现在另外一个方面——“君子远庖厨”。在儒家看来，茶作为日常生活中的饮品，是非常世俗的。但是茶的发展，却在儒家思想中得到了升华。

茶最早是被当作药物使用的，神农氏用茶解毒救人，后来才成了日常生活中的饮用品，与柴、米、油、盐、酱、醋并列为开门七件事。所以，在日常生活中，茶是一种不可或缺的东西，可以用来待人接物、解困去乏、消食减肥、保健休闲等，这使得茶本身的属性得到了升华。茶的功效体现在日常生活中，就是儒家知识分子的入世救世抱负。唐代卢仝的《七碗茶诗》中，“便为谏议问苍生，到头还得苏息否”，非常明确地表现了卢仝心念苍生的儒家思想。卢仝表面上是喝茶，但实质上是借茶来抒发自己的儒家精神抱负。凡爱饮茶者，都会将茶事与百姓民生联系在一起，这有许多茶诗茶文为证。

儒家思想的核心是中庸，这也是饮茶修养的最高境界。什么是“中庸”？儒家思想解释为“不偏之谓中，不易之谓庸，中者天下之正道，庸者天下之至理”“执其两端而折之”，等等，大致的意思就是说，待人接物不偏不倚、调和折中。将其作为处世为人的指导原则，不要偏激，不要走极端，要公正、平和、谦恭、以理服人、以礼待人、留有余地等。中庸思想，既是一个抽象的哲学概念，又是一个具体的道德行为准则，按儒家创始人孔子自己的解释，就是一种完美的理想的“德”。

在茶道中，表现出中庸思想的，也是这种完美的“德”。宋代理学家朱熹在比较建茶的时候曾说：“建茶如中庸之为德，江茶如伯夷叔齐。”这是将中庸思想作为茶道标准，也是对茶德的极大提升。

在茶事活动中，也非常讲究中庸。在制茶的过程中，焙火不能过高，也不能过低。在进行茶事活动的时候，茶人必须调节自己的精神状态，不能偏激走极端，要心平气和，进退有节，待人有礼。在泡茶的时候，茶叶不能过多，也不能过少。喝茶的时候，也不能过多，不能过少……所有的程序都必须恰到好处。具体的行为可以因人而异，但是茶道的基本中庸思想，却是渗透在整个茶事活动中。

《茶经》中虽然没有对茶事的具体记录，也没有明确涉及茶道，但也体现了许多严格把握茶事的中庸观念。采茶的时候“有雨不采，晴有云不采”；论茶的时候“茶之否，存于口诀”；煮茶的时候“慎勿……使凉炎不匀”；煮水的时候，“一沸不用，三沸太老，而取二沸恰恰好”……这些都是中庸的基本内涵。

儒家思想和文化还体现在极大的包容性上。儒家思想与道家及佛家的很多思想都有共通之处，但是却又有着自己独特的思想。作为儒家核心的中庸思想，其鲜明特性不仅深刻地融进了中国人的灵魂，而且极大地影响了世界文化，直到今天仍然具有强大的生命力。

道茶：天人合一

古人认为，人与自然、精神与事物之间是相互融合、联系的整体。茶吸取了天地之精华而生长，原本就是天地之灵长，其清淡、高雅的品性接近人性的虚、静、清淡。在烤茶、煮茶的茶事活动中，将茶人精神与自然统一起来，也充分体现了道家“天人合一”的思想。老子在《道德经》中就十分明确地指出了“天人合一”的概念。他指出：“道生一，一生二，二生三，三生万物。万物负阴而抱阳，冲气以为和。”老子认为“道”是先于天地而生的宇宙之原、人类之本，由它衍生万物。所以，道家认为人与自然是互相联系的整体，万物都是阴阳两气相和而生，发展变化后达到和谐稳定的状态，因此“圣人法天顺地，不拘于俗，不诱于人，故贵在守和”。“和”在这里是道家哲学的重要思想，道家强调人与自然之间的和谐。这种“和”的思想，在战国末年的《易传》中得到了继承和发展，并明确提出“天人合一”的概念。而在茶道中，陆羽在《茶经》中创立茶道时，吸收了道家思想的精华，使“天人合一”的理念成为中国茶道的灵魂。

天人合一的思想，在茶道中还特别体现在人与自然的合一。唐寅的《事茗图》、文征明的《惠山茶会图》等，均描绘了文人雅士们在野石清泉旁、松风竹林里煮茗论道的场景。若是在室内煮茶品饮，就很难达到这种天人合一的境界。天人合一是指人与自然环境的合一，不受任何限制。在大自然的山水间品茶，追求寄情于山水、忘情于山水、心融于山水的理想境界，这就是天人合一。

我国古代很多关于茶事的诗句也充分反映了这种天人合一的思想。唐代陆龟蒙的《奉和袭美茶具十咏》是这样描写茶道中的天人合一的：“闲来松间坐，看煮松上雪。时于浪花里，并下蓝英末。”唐代高僧灵一在《与元居士青山潭饮茶》写道：

“野泉烟火白云间，坐饮香茶爱此山。岩下维舟不忍去，青溪流水暮潺潺。”

在茶事活动中，和、静、怡、真中的真，就包含有环境的“真”。明代徐渭在《徐文长秘集》中指出：品茶过程中，对于茶道追求的真，在于合适的环境，如精舍、云林、竹灶、幽人雅士、寒宵兀坐、松月下、花鸟间、清流白石、绿藓苍苔、素手汲泉、红妆扫雪、船头吹火、竹里飘烟等，无一不是天地间能够达到茶道追求的东西，这些都充分体现了道家天地人合一的思想。将人与自然融为一体，通过饮茶去感悟茶道、天道、人道。

也正因为有了道家天人合一的思想作为引导，人们在茶事活动中，才能够充分体会茶道的精髓。茶人心里充满着对大自然的无比热爱，有着回归自然、亲近自然的强烈渴望，所以茶人最能领略与大自然的奥秘。

苏轼喜欢煮水烹茶，茶事是其自我解脱而至旷达的精神慰藉，他的《汲江煎茶》诗云：“活水还须活火烹，自临钓石取深清。大瓢贮月归春瓮，小杓分江入夜瓶。雪乳已翻煎处脚，松风忽作泻时声。枯肠未易禁三碗，坐听荒城长短更。”在这首诗句中，他将茶道中物我和谐、天人合一的精神描绘得淋漓尽致。

佛茶：禅茶一味

茶与佛教产生联系，最早是因为茶的药用功效，茶可用来提神醒脑。发展到后来，茶道与佛教也有了精神上的契合之处。茶与禅的结缘在于坐、禅、定。

坐是指在修行的时候，“心注一境”，即脱离所有外物之事；禅指的是“静虑”“修心”；定则是要保持身心的高度统一。这三点是佛门修行的要求。在坐禅的过程中，十分讲求“苦、集、灭、道”四谛。茶性原本就是苦的，这与佛家有着第一个共同之处——苦。佛理博大无限，但一般以“四谛”为总纲。释迦牟尼成佛后，第一次在鹿野苑说法时，谈的就是“四谛”之理。而“苦、集、灭、道”四谛以苦为首。人生有八苦，包括生苦、老苦、病苦、死苦、怨憎会苦、爱别离苦、求不得苦、五阴炽盛苦。凡是构成人类存在的所有物质，以及人类生存过程中的精神因素，都可以给人带来“苦恼”。佛法求的是“苦海无边，回头是岸”。所以，参禅的过程就是要求人看破生死观、达到大彻大悟，求得对“苦”的解脱。茶道也是这样，在品茶的过程中，先苦后甜，只有超脱，才能够达到彼岸。李时珍在《本草纲目》中载：“茶苦而寒，阴中之阴，最能降火，火为百病，火清则上清矣。”这也是说茶性，只有先苦，才能够后甜。

茶的基本精神是“和、静、怡、真”。其中，“静”是达到心斋坐忘、涤除玄鉴、澄怀味道的必由之路。佛教坐禅时讲究五调：调心、调身、调食、调息、调睡眠。这五调和佛学中的“戒、定、慧”三学都是以静为基础，讲求静的功效的。佛教禅宗的理论也都是在“静”中创出来的。可以说，静坐静虑是历代禅师参悟佛理的重要课程。茶事活动也是一样，要求有安静的环境，在静坐静虑中，人难免疲劳发困，这时如果喝上一杯茶，就能够提神益思，克服睡意。所以，茶便成了禅者最好的“朋友”，这也是茶与佛家的共通之处。

另外，茶是平凡的，但是茶道却可以小见大，从平凡中看见至理。日本茶道宗师千利休曾说过：“须知道茶之本不过是烧水点茶。”这说明，茶道的本质只不过是烧点水，这是十分微不足道的事情，但也就是这些日常生活琐碎的平凡生活，却包含着宇宙的奥秘和人生的哲理。坐禅也是这样，只不过是静坐而已，但是却要求人们通过静虑，从平凡的小事中去契悟大道。这一点上，佛家与茶道同样是共通的。

最后，佛家讲究放下。“放下屠刀立地成佛”，人的苦恼，归根结底是因为“放不下”，只要能放下，就能够得到解脱。近代高僧虚云法师说：“修行须放下一切方能入道，否则徒劳无益。”这里的“放下”，具体指代什么呢？佛门中人说的因素，不外乎就是中六根、外六尘、内六识，如果十八界都放下了，那么就自然成佛了。所谓成佛，也就是放下了一切，人自然轻松无比。茶事活动中，品茶也强调“放”，放下手头工作，偷得浮生半日闲，放松一下自己紧绷的神经，放松一下自己被囚禁的行性。演仁居士有诗最妙：“放下亦放下，何处来牵挂？”所以，茶道与佛家共通，只有放下，才能超脱。

茶鼎夜烹千古雪，花影晨动九天风：名茶鉴赏

我国茶类品种繁多，历史悠久，据不完全统计，有500余种。中国名茶是浩如烟海的诸多花色品种茶叶中的珍品。名茶以它特有的风格著称于世，鉴赏名茶，饮茶一盏，吟诗一章，快意人生。

绿茶

绿茶是中国品饮的主要茶类，种类繁多。在我国十大名茶中，大部分都是绿茶。主要名品有西湖龙井、碧螺春、六安瓜片、信阳毛尖、太平猴魁、黄山毛峰、庐山云雾、金坛雀舌等。古代绿茶著名的还有恩施玉露、蒙顶甘露、峨眉雪芽等。

西湖龙井

干茶

叶底

汤色

夏秋龙井色泽暗绿或深绿，茶身较大，体表无茸毛，汤色黄亮，有清香但较粗糙，滋味浓略涩，叶底黄亮，总体品质比同级春茶差。

干茶 扁平光滑，苗锋尖削，芽长于叶，色泽嫩绿，体表无茸毛。

汤色 嫩绿黄，明亮。

香气 清香或嫩栗香，但有部分茶带高火香。

口感 滋味清爽或浓醇。

叶底 嫩绿，完整。

洞庭碧螺春

干茶

叶底

汤色

碧螺春以春茶为最佳。夏秋碧螺春色泽偏黄，叶片较为轻且薄，香气平和，夏茶的品质还在秋茶之下，色泽偏黑，香气略带粗老。

干茶 条索纤细、卷曲、呈螺形，茸毛遍布全身。色泽嫩绿，茶芽幼嫩完整，没有叶柄。

汤色 嫩绿黄，明亮。

香气 芬芳。

口感 鲜醇。

叶底 芽大叶小。

六安瓜片

夏秋瓜片与春茶瓜片外形相差不大，但色泽偏黄，滋味比较苦。总体品质比同级春茶差。

干茶

叶底

汤色

干茶 片卷顺直，长短相近、粗细匀称，叶片似瓜子壳，青绿有白霜。

汤色 碧绿。

香气 清爽。

口感 甘醇、回甜。

叶底 黄绿，厚实明亮。

信阳毛尖

与春茶相比，夏秋信阳毛尖为卷曲形，叶片发黄，叶子泡出来比较大、宽。茶水比较浓，味道微苦。

干茶

叶底

汤色

干茶 外形是条索紧细、圆、光、直，多白毫，色泽翠绿。

汤色 翠绿。

香气 香高长略，有板栗香。

口感 浓爽。

叶底 匀整。

太平猴魁

太平猴魁春夏秋所出品质差别不大。

干茶 两叶抱芽，扁平挺直，自然舒展，白毫隐伏向外，叶色苍绿匀润，叶脉绿中稳红，芽叶成朵肥壮。

汤色 清绿明澈。

香气 优雅清香。

口感 醇厚回甘。

叶底 肥软、嫩绿、匀亮。

黄山毛峰

黄山毛峰春茶最佳。夏秋黄山毛峰，色泽灰暗，汤色呈土黄，叶底有部分不成朵。

干茶　叶底　汤色

干茶 细嫩稍卷曲，芽肥壮、匀齐、有锋毫，形如“雀舌”，色泽嫩绿油润。

汤色 清澈、杏黄、明亮。

香气 清香馥郁。

口感 鲜醇爽口。

叶底 芽叶成朵，厚实鲜艳，嫩黄柔软。

庐山云雾

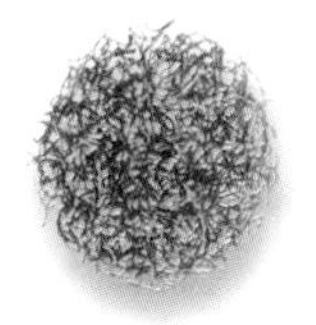

干茶

叶底

汤色

庐山云雾茶夏季最多，秋季较少。外形饱满秀丽，色泽绿润光滑，芽隐露，茶汤幽香如兰，耐冲泡，滋味回甘香绵。

干茶 芽肥毫显，外形圆直，多白毫，条索秀丽，色泽绿润。

汤色 清澈、明亮。

香气 鲜爽，有兰花香。

口感 醇而干爽。

叶底 绿而匀齐。

金坛雀舌

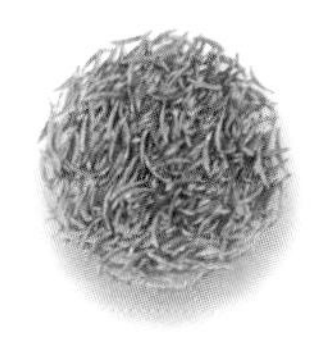

干茶

叶底

汤色

金坛雀舌一般采于谷雨前，春茶较多，夏秋较少。

干茶 条索匀整，状如雀舌，扁平挺直，色泽绿润。

汤色 嫩黄、明亮。

香气 清高、嫩香。

口感 鲜爽。

叶底 嫩匀、成朵、明亮。

阳羡雪芽

阳羡雪芽是宜兴老字号名茶，其采制非常重视鲜叶原料，主要是槠叶、浙农139等良种茶树上的芽苞或一芽一叶初展，采取传统工艺和现代名茶机械精制而成。

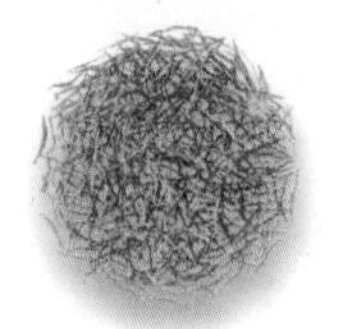

干茶

叶底

汤色

干茶 外形紧直匀细，翠绿显毫。

汤色 清澈、明亮。

香气 清雅。

口感 鲜醇。

叶底 嫩匀完整。

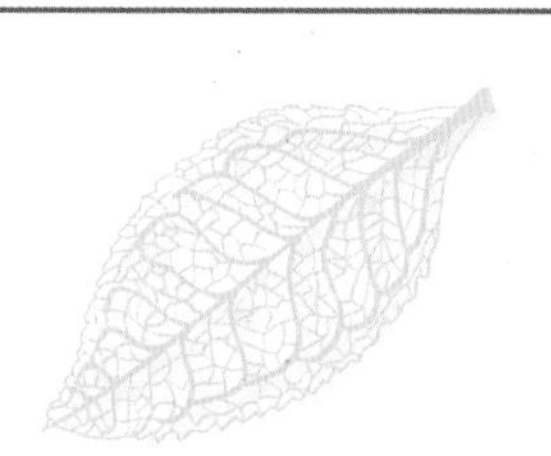

瀑布仙茗

唐代陆羽在《茶经》中说，余姚用大茶树的芽叶制成的茶叶，品质特优，在唐代已负盛名，陆羽誉之为『仙茗』，所以又称为『余姚仙茗』。

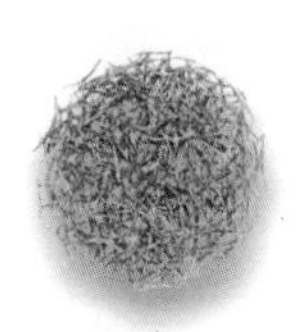

干茶

叶底

汤色

干茶 外形紧密，苗秀略扁。

汤色 嫩绿。

香气 栗香。

口感 鲜醇。

叶底 嫩匀。

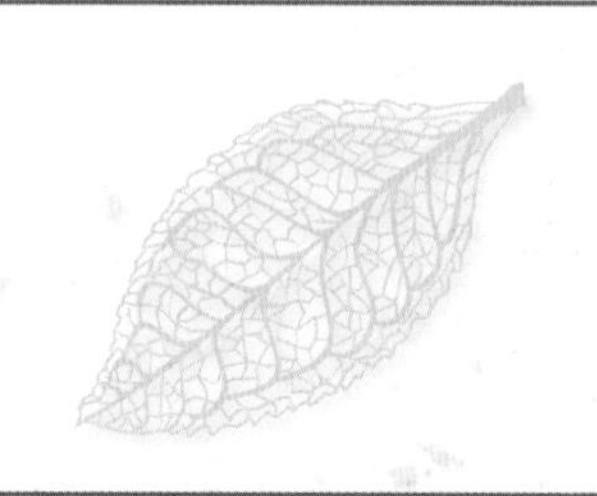

太白顶芽

太白顶芽产于浙江省东阳市东白山茶区，区内群山峰峦起伏，植被茂盛，气候温和，雨量充沛，土壤肥沃，十分适宜茶树生长。

干茶

叶底

汤色

干茶 外形如梭，芽叶肥壮，白毫显露。

汤色 清澈、明亮。

香气 馥郁。

口感 鲜甘，回味持久。

叶底 嫩绿匀齐。

老竹大方

老竹大方是一种汉族传统名茶，相传为比丘大方始创于安徽省歙县老竹岭，故称为『老竹大方』，清代已入贡茶之列。

干茶

叶底

汤色

干茶 外形扁平匀齐，挺秀光滑。

汤色 清澈、微黄。

香气 板栗香，高长。

口感 醇厚爽口。

叶底 黄绿匀大。

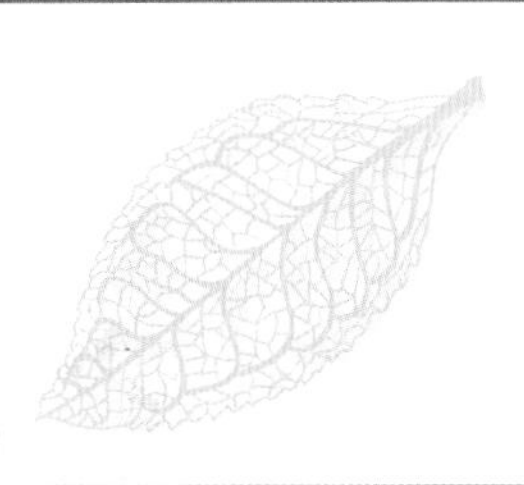

黄茶

黄茶滋味鲜爽回甘，收敛性好。我国黄茶名茶品种一般有君山银针、蒙顶黄芽、霍山黄芽、莫甘黄芽等。

君山银针

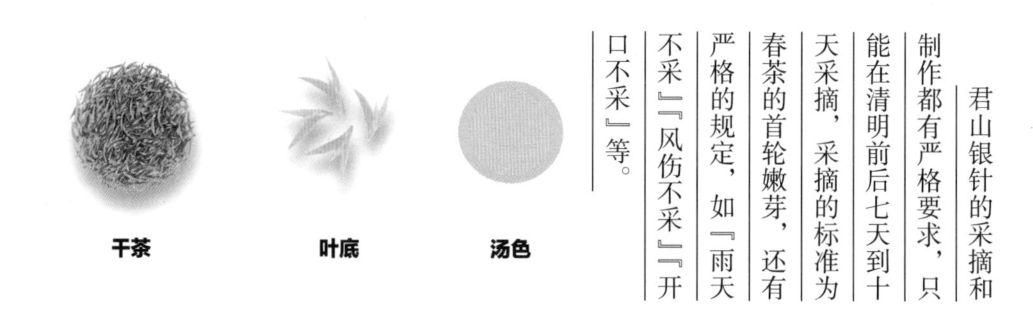
干茶　叶底　汤色

君山银针的采摘和制作都有严格要求，只能在清明前后七天到十天采摘，采摘的标准为春茶的首轮嫩芽，还有严格的规定，如『雨天不采』『风伤不采』『开口不采』等。

干茶 芽头肥壮挺直、匀齐、满披茸毛，色泽金黄光亮。

汤色 纯净、杏黄色。

香气 浓郁。

口感 甜爽、甘醇。

叶底 黄亮、匀齐。

蒙顶黄芽

干茶

叶底

汤色

夏秋蒙顶黄芽滋味淡薄，香气不足，叶色比较黄。

干茶 外形扁直，芽条匀整，色泽嫩黄，芽毫显露。
汤色 黄亮透碧。
香气 甜香浓郁。
口感 鲜醇回甘。
叶底 全芽嫩黄、匀齐。

霍山黄芽

干茶

叶底

汤色

春夏秋季产出的霍山黄芽品质都不错，茶香，口感爽。秋天气温对茶叶较为适宜，不容易变质。

干茶 条形直，微展，匀齐成朵，嫩绿披毫，形似雀舌。
汤色 明亮显黄。
香气 幽雅。
口感 鲜醇。
叶底 黄绿匀嫩。

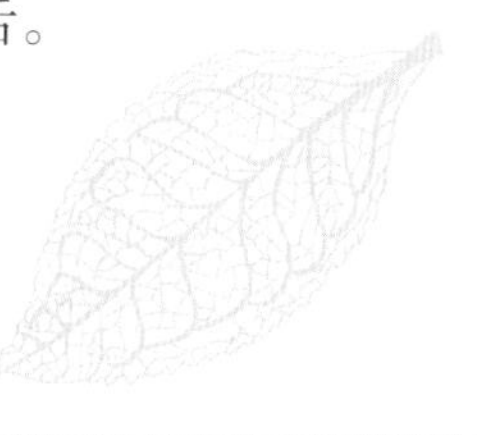

莫干黄芽

干茶

叶底

汤色

莫干山群峰环抱，竹木交阴，山泉秀丽，常温为21℃，最高气温也只有28℃，被称为『清凉世界』。这里的春茶与夏秋季节的茶品质均为上乘。

干茶 外形紧细成条，呈雀舌形显毫，色泽嫩绿微黄。

汤色 黄绿清澈。

香气 幽雅。

口感 鲜醇。

叶底 嫩黄成朵。

青茶

青茶有红茶的甘醇、绿茶的鲜爽和花茶的芳香。青茶的著名品种有安溪铁观音、大红袍、冻顶乌龙、凤凰单枞，古代名茶中还有凤凰水仙、红水乌龙等也比较出名。

安溪铁观音

干茶

叶底

汤色

夏秋季节的铁观音喝起来会有苦涩感，但是香气十足。秋季气候好，制作铁观音比较好，不易变质。

干茶 芽头肥壮挺直、匀齐、满披茸毛，色泽金黄光亮。

汤色 清澈金黄。

香气 天然兰花香。

口感 醇厚回甘。

叶底 开展，青绿红边。

大红袍

干茶

叶底

汤色

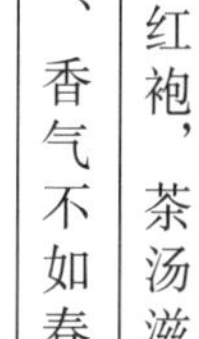

夏秋季节的大红袍，茶汤滋味、香气不如春茶强烈，带有苦涩，叶片大小不一，叶底发脆，叶色发黄。

干茶 外形条索肥壮、紧结、匀整，带扭曲条形。

汤色 褐绿色。

香气 兰花香。

口感 甘醇。

叶底 匀亮，边缘朱红或起红点，中央叶肉黄绿色，叶脉浅黄色。

冻顶乌龙

干茶

叶底

汤色

冻顶乌龙产自高寒的山顶，空气湿度大，一年四季云雾笼罩，所以任何季节都可以采摘，基本上春茶与夏秋季节的茶没有什么太大的差别。

干茶 外形紧结成球，色泽墨绿。

汤色 透亮橙黄。

香气 持久清香。

口感 甘醇。

叶底 绿叶红镶边。

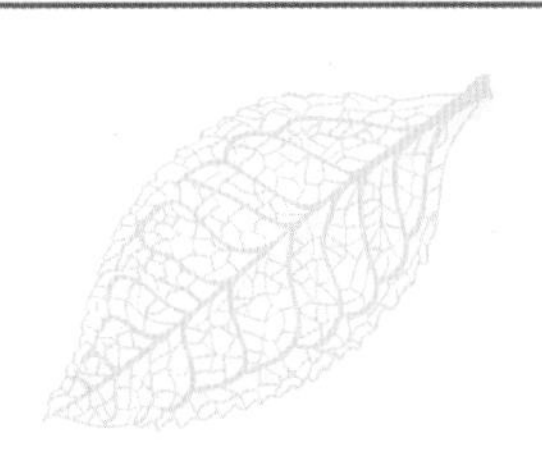

凤凰单枞

干茶

叶底

汤色

凤凰单枞以春季出产为佳，夏秋产香气不足，细微淡薄，叶底有铜绿色叶芽，叶张大小不一，对夹叶多，叶缘锯齿明显。

干茶 外形条索粗壮、匀整挺直，色泽黄褐。

汤色 清澈黄亮。

香气 持久兰花清香。

口感 浓醇鲜爽，润喉回甘。

叶底 边缘朱红。

武夷肉桂

武夷肉桂育芽能力强，持嫩性尚好，抗寒性好。每年四月中旬茶芽萌发，五月上旬开采岩茶，在一般情况下，每年只采一季，以春茶为主。

干茶

叶底

汤色

干茶 外形紧结。

汤色 橙黄清澈。

香气 肉桂香。

口感 醇厚回甘。

叶底 黄亮。

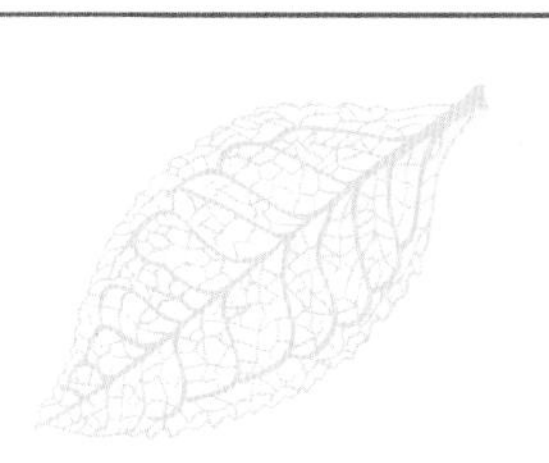

永春佛手

永春佛手茶又名香橼种、雪梨，因其形似佛手、名贵胜金，又称『金佛手』，主产于福建永春县苏坑、玉斗等乡镇海拔600~900米的高山处，乃佛手品种茶树梢制成，是福建乌龙茶中风味独特的名品。

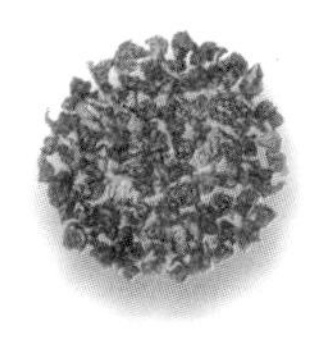

干茶

叶底

汤色

干茶 紧结肥壮，卷曲。

汤色 橙黄清澈。

香气 馥郁幽芳。

口感 甘厚。

叶底 黄亮。

阿里山乌龙茶

阿里山高山气候冷凉，早晚云雾笼罩，平均日照短，茶树生长缓慢，茶叶芽叶柔软，叶肉厚实，果胶质含量高，多以山泉水灌溉，甘醇美味，具有浓厚的高山冷冽茶味，堪称是『世界第一等』好茶。

干茶

叶底

汤色

干茶 条索紧结，呈半球形且颗粒大。

汤色 蜜绿带金黄。

香气 清新典雅。

口感 甘醇。

叶底 绿叶镶红边。

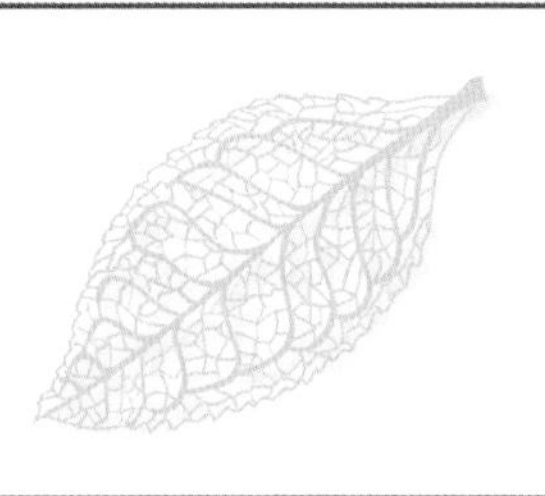

武夷水仙

武夷水仙茶是武夷岩茶中之望族，栽培历史有数百年之久，原来自水吉之大湖，传发现于祝仙洞下，故名为祝仙，因当地『祝』与『水』同音，后习惯称为『水仙』至今。

干茶

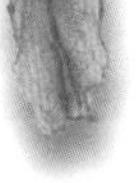
叶底

汤色

干茶 条索紧结沉重、粗壮。

汤色 清澈橙黄。

香气 兰花清香。

口感 醇厚回甘。

叶底 厚软黄亮，叶缘朱砂红边或红点。

黑茶

黑茶滋味醇和，有独特的风味。黑茶中最著名的就是普洱，但是普洱并不能代表所有的黑茶。黑茶品种有云南普洱茶、普洱散茶、云南贡茶、七子饼茶等。

云南普洱茶

干茶

叶底

汤色

夏秋普洱沱茶叶片轻飘宽大，嫩梗瘦长，对夹叶多，叶脉较粗，香气平和。

干茶 像碗臼一般显露白毫，色泽褐红。

汤色 褐红。

香气 陈香。

口感 回甘。

叶底 深猪肝色。

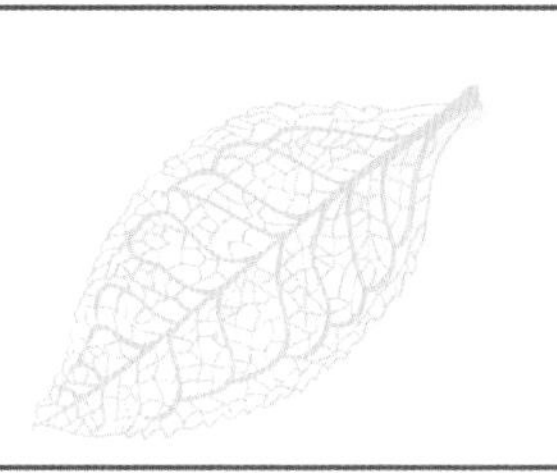

普洱散茶

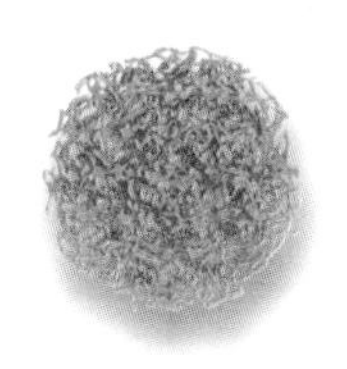

干茶

叶底

汤色

普洱散茶分特级及一至十级，嫩度越高，级别也就越高。

干茶 形状端正匀整，色泽褐红。

汤色 红浓。

香气 陈香。

口感 甘醇。

叶底 细嫩呈猪肝色。

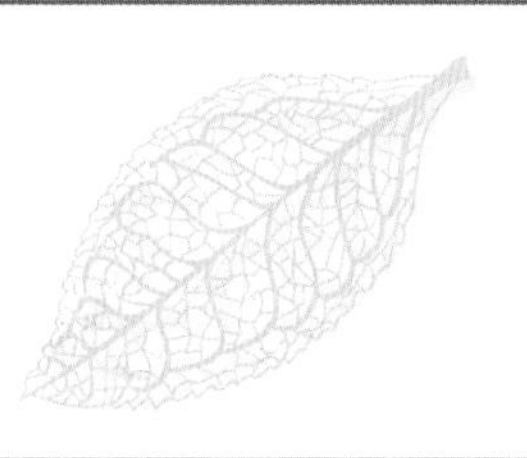

云南贡茶

干茶

叶底

汤色

云南贡茶由明代的普洱团茶和清代的女儿茶演变而来，乾隆年间被定为贡茶。

干茶 棱角整齐呈正方形，色泽褐红。

汤色 深红褐色。

香气 陈香。

口感 甘醇。

叶底 深猪肝色。

七子饼茶

干茶

叶底

汤色

夏秋产的七子茶饼、云南贡茶、普洱散茶等黑茶多为沱茶。

干茶 外形圆整、显毫，色泽褐红。

汤色 深红褐色。

香气 陈香。

口感 甘醇。

叶底 深猪肝色。

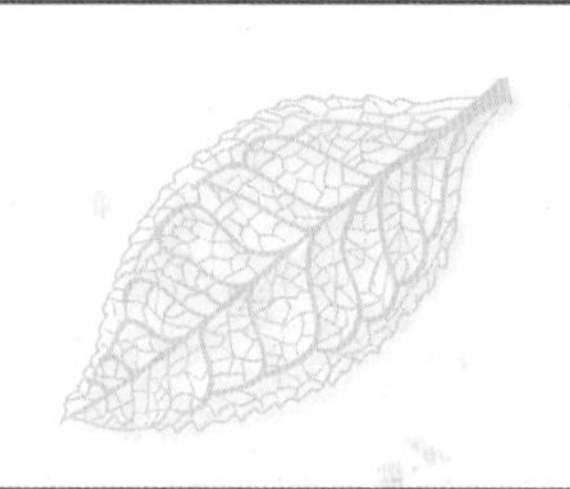

黑毛茶

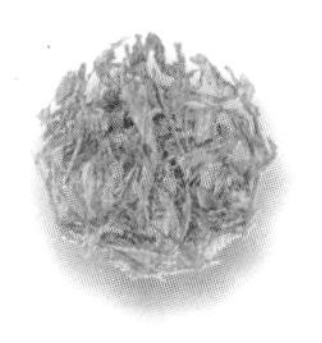

干茶

叶底

汤色

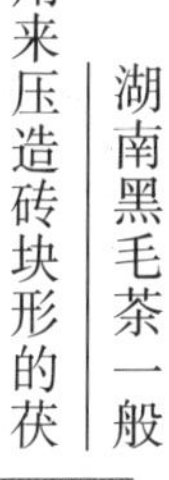

湖南黑毛茶一般用来压造砖块形的茯砖茶、黑砖茶、花砖茶、青砖茶和篓包装的天尖、贡尖、生尖，是紧压茶原料。以黑毛茶为原料制成的黑茶，具有消食去腻、降三高等保健效果。

干茶 成条相卷。

汤色 橙黄略暗。

香气 松烟香。

口感 醇厚。

叶底 黄褐带青。

普洱茶砖

干茶

叶底

汤色

普洱茶砖属于黑茶紧压茶，是蒸压成型的，加工工艺分筛选、风选、挑剔、半成品、拼配盖茶、里茶、泼水、渥堆。后按盖茶、理茶比例，折水称重，上蒸、模压、成型、趁热脱模、干燥。

干茶 长方形。

汤色 棕褐色。

香气 樟香。

口感 醇厚回甘。

叶底 暗褐。

白茶

白茶外形芽毫完整、毫香清鲜、滋味清淡回甘，性凉，有清凉降暑、清热解毒的功效，多为药用。白茶的品种有政和白毫银针、贡眉、福安白玉芽、银针白毫等。

政和白毫银针

干茶

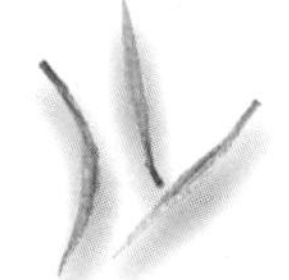

叶底

汤色

白茶各季产出品质差别不大，只是采茶时，夏秋成茶没有春季的干净利索，茶针根部有残渣和茶壳存在，茶味也不如春茶浓。

干茶 芽头肥硕如针，色泽如银，多毫有光泽。

汤色 浅黄。

香气 毫香。

口感 醇厚。

叶底 完整，色绿。

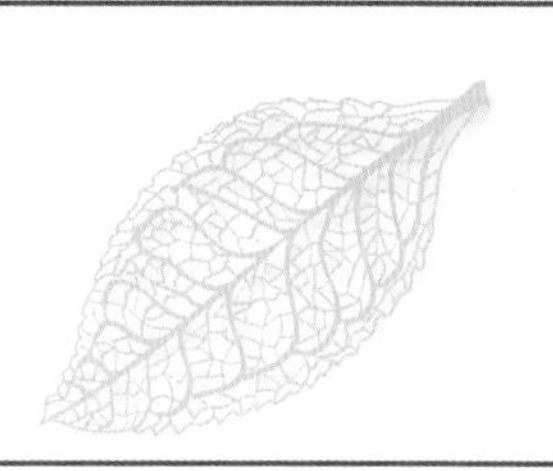

贡眉

干茶

叶底

汤色

贡眉又称『寿眉』，是白茶中产量最高的一个品种，约占白茶总产量的一半以上。

干茶 毫心明显，茸毫色白且多，干茶色泽翠绿。

汤色 橙黄或者深黄。

香气 鲜醇。

口感 醇爽。

叶底 匀整。

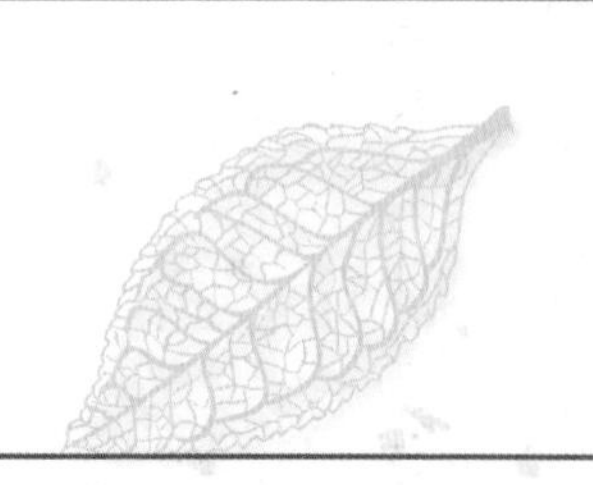

福安白玉芽

福安白玉芽产地为森林地带，常年云雾缭绕，茶树多受漫射光照射，芽叶持嫩性强。

干茶

叶底

汤色

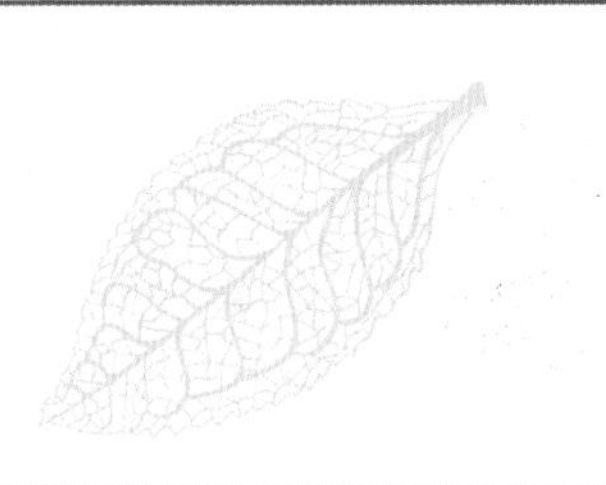

干茶 芽白如玉，肥壮、挺而似剑，色泽银灰多毫。
汤色 浅黄。
香气 鲜爽。
口感 醇爽。
叶底 嫩绿。

银针白毫

银针白毫，以及贡眉、福安白玉芽等白茶都是根据茶芽的成色选择制作成不同的茶，季节区分不大。

干茶

叶底

汤色

干茶 芽头肥壮，条索整齐，挺直如针，色白似银。
汤色 碧青。
香气 清淡。
口感 鲜爽。
叶底 肥嫩。

红茶

红茶饮用广泛，主要在于红茶的保健作用。红茶可以帮助胃肠消化、促进食欲、利尿、消除水肿等，功效多样。红茶的主要品种有祁门红茶、滇红工夫红茶、正山小种红茶、广东荔枝红茶等。

祁门红茶

祁门红茶春秋两季都可以采摘、加工制作，春茶秋茶没有太大区别。

干茶

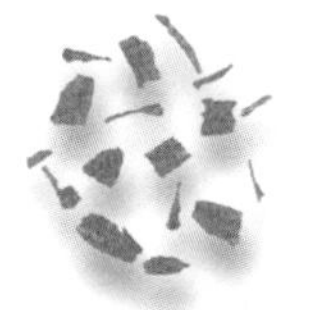
叶底

汤色

干茶 外形条索紧细，苗秀显毫，色泽乌润。
汤色 红艳透明。
香气 清香持久。
口感 醇厚。
叶底 鲜红明亮。

滇红工夫红茶

滇红工夫红茶春季采制的一般毫色较浅，多呈淡黄，而夏茶则多呈菊黄，秋茶多呈金黄。

干茶

叶底

汤色

干茶 外形肥硕紧实，金毫显露。

汤色 金黄闪烁。

香气 浓郁持久。

口感 鲜醇。

叶底 红艳。

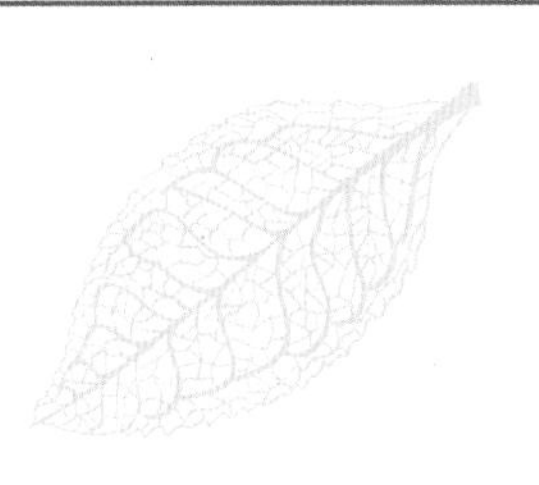

正山小种

夏秋正山降水没有春季丰富，气候比较干燥，制作出来的茶在品质上没有春茶好。

干茶

叶底

汤色

干茶 外形条索肥实，色泽乌润。

汤色 红艳。

香气 松烟香。

口感 醇甘。

叶底 红亮，欠匀净。

广东荔枝红茶

广东荔枝红茶主要是让茶树充分吸收荔枝汁的香味，而在处理发酵的过程中，各个季节成品茶外形与上等茶都十分相似，无法进行比较。

干茶

叶底

汤色

干茶 条索紧细，色泽乌黑。

汤色 红浓。

香气 有荔枝香。

口感 浓厚香甜。

叶底 柔软红艳。

九曲红梅

九曲红梅茶简称『九曲红』，产于杭州市郊的湖埠、仁桥、大坞山一带，尤以湖埠大湖山所产品质最佳。九曲红梅茶是浙江省目前二十八种名茶中唯一的红茶。

干茶

叶底

汤色

干茶 外形细如鱼钩，多白毫。

汤色 红艳。

香气 芬馥。

口感 浓郁。

叶底 红嫩。

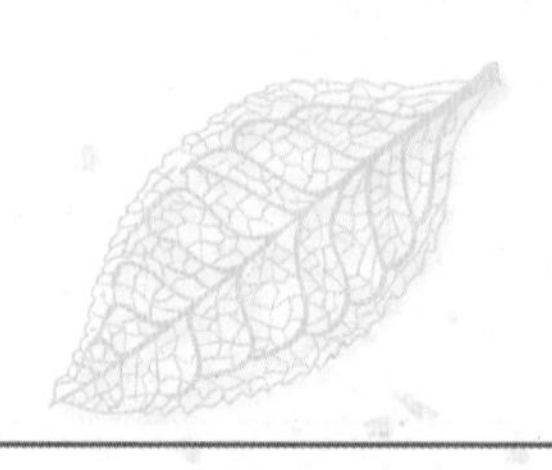

坦洋工夫红茶

福安『坦洋工夫红茶』是福建三大工夫红茶之首，选用国家级优良茶树品种坦洋菜茶芽叶为原料，采用传统工艺制作而成。

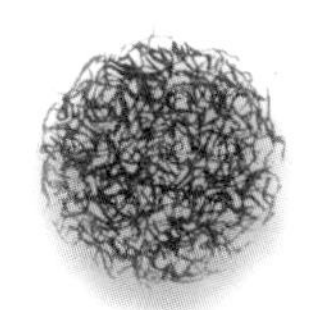

干茶

叶底

汤色

干茶 外形紧结圆直，带白毫。

汤色 红明。

香气 清鲜。

口感 醇厚。

叶底 红匀光亮。

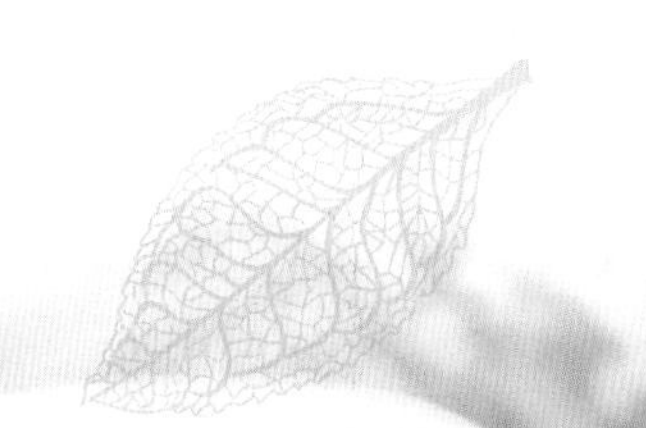

柒之事

世间绝品人难识，闲对茶经忆古人

三皇炎帝神农氏，周鲁周公旦，齐相晏婴，汉仙人丹丘子，黄山君司马文，园令相如，扬执戟雄，吴归命侯，韦太傅弘嗣，晋惠帝，刘司空琨，琨兄子兖州刺史演，张黄门孟阳。傅司隶咸，江洗马充，孙参军楚，左记室太冲，陆吴兴纳，纳兄子会稽内史俶，谢冠军安石，郭弘农璞，桓扬州温，杜舍人毓，武康小山寺释法瑶，沛国夏侯恺，余姚虞洪，北地傅巽，丹阳弘君举，安任育，宣城秦精，敦煌单道开，剡县陈务妻，广陵老姥，河内山谦之，后魏琅琊王肃，宋新安王子鸾，鸾弟豫章王子尚，鲍昭妹令晖，八公山沙门谭济，齐世祖武帝，梁刘廷尉，陶先生弘景，皇朝徐英公勣。

《神农·食经》：『茶茗久服，令人有力，悦志。』

周公《尔雅》：『槚，苦荼。』

《广雅》云：『荆巴间采叶作饼，叶老者饼成，以米膏出之，欲煮茗饮，先炙，令赤色，捣末置瓷器中，以汤浇覆之，用葱，姜，橘子芼之，其饮醒酒，令人不眠。』

《晏子春秋》：『婴相齐景公时，食脱粟之饭，炙三戈五卯茗菜而已。』

司马相如《凡将篇》：『乌啄桔梗芫华，款冬贝母木蘖蒌，芩草芍药桂漏芦，蜚廉雚菌荈诧，白敛白芷菖蒲，芒消莞椒茱萸。』

《方言》：『蜀西南人谓茶曰蔎。』

《吴志·韦曜传》：『孙皓每飨宴坐席，无不率以七胜为限。虽不尽入口，皆浇灌取尽，曜饮酒不过二升，皓初礼异，密赐茶荈以代酒。』

《晋中兴书》：『陆纳为吴兴太守，时卫将军谢安常欲诣纳，纳兄子俶怪纳，无所备，不敢问之，乃私蓄十数人馔。安既至，所设唯茶果而已。俶遂陈盛馔珍羞必具，及安去，纳杖俶四十，云：「汝既不能光益叔父，奈何秽吾素业？」』

《晋书》：『桓温为扬州牧，性俭，每燕饮，唯下七奠，拌茶果而已。』

《搜神记》：『夏侯恺因疾死，宗人字苟奴，察见鬼神，见恺来收马，并病其妻，著平上帻单衣入，坐生时西壁大床，就人觅茶饮。』

刘琨《与兄子南兖州刺史演书》云：『前得安州干姜一斤、桂一斤、黄芩一斤，皆所须也，吾体中溃闷，常仰真茶，汝可置之。』

傅咸《司隶教》曰：『闻南方有以困蜀妪作茶粥卖，为帝事打破其器具。又卖饼于市，而禁茶粥以蜀姥何哉！』

《神异记》：『馀姚人虞洪入山采茗，遇一道士牵三青牛，引洪至瀑布山曰：「予丹丘子也。闻子善具饮，常思见惠。山中有大茗可以相给，祈子他日有瓯牺之余，乞相遗也。」因立奠祀。后常令家人入山，获大茗焉。』

左思《娇女诗》：『吾家有娇女，皎皎颇白皙。小字为纨素，口齿自清历。有姊字惠芳，眉目粲如画。驰骛翔园林，果下皆生摘。贪华风雨中，倏忽数百适。心为茶荈剧，吹嘘对鼎䥶。』

张孟阳《登成都楼诗》云：『借问杨子舍，想见长卿庐。程卓累千金，骄侈拟五侯。门有连骑客，翠带腰吴钩。鼎食随时进，百和妙且殊。披林采秋橘，临江钓春鱼。黑子过龙醢，果馔逾蟹蝑。芳茶冠六情，溢味播九区。人生苟安乐，兹土聊可娱。』

傅巽《七诲》：『蒲桃、宛柰、齐柿、燕栗、峘阳黄梨、巫山朱橘、南中茶子、西极石蜜。』

弘君举食檄：『寒温既毕，应下霜华之茗，三爵而终，应下诸蔗、木瓜、元李、杨梅、五味橄榄、悬豹、葵羹各一杯。』

孙楚歌：『茱萸出芳树颠，鲤鱼出洛水泉，白盐出河东，美豉出鲁渊。姜桂茶荈出巴蜀，椒橘、木兰出高山，蓼苏出沟渠，精稗出中田。』

华佗《食论》：『苦茶久食益意思。』

壶居士《食忌》：『苦茶久食羽化。与韭同食，令人体重。』

郭璞《尔雅注》云：『树小似栀子，冬生叶，可煮羹饮，今呼早取为茶，晚取为茗，或一曰荈，蜀人名之苦茶。』

《世说》：『任瞻字育长，少时有令名。自过江失志，既下饮，问人云：「此为茶为茗？」觉人有怪色，乃自分明云：「向问饮为热为冷？」』

《续搜神记 · 晋武帝》：『宣城人秦精，常入武昌山采茗，遇一毛人长丈余，引精至山下，示以丛茗而去。俄而复还，乃探怀中橘以遗精，精怖，负茗而归。』

《晋四王起事》：『惠帝蒙尘，还洛阳，黄门以瓦盂盛茶上至尊。』

《异苑》：『剡县陈务妻少，与二子寡居，好饮茶茗。以宅中有古冢，每饮，辄先祀之。二子患之曰：「古冢何知？徒以劳。」意欲掘去之，母苦禁而止。其夜梦一人云：『吾止此冢三百余年，卿二子恒欲见毁，赖相保护，又享吾佳茗，虽潜壤朽骨，岂忘翳桑之报。及晓，于庭中获钱十万，似久埋者，但贯新耳。母告，二子惭之，从是祷馈愈甚。』

《广陵耆老传》：『晋元帝时有老姥，每旦独提一器茗，往市鬻之，市人竞买，自旦至夕，其器不减，所得钱散路傍孤贫乞人。人或异之，州法曹絷之狱中，至夜，老姥执所鬻茗器，从狱牖中飞出。』

《艺术传》：『敦煌人单道开不畏寒暑，常服小石子。所服药有松桂蜜之气，所余茶苏而已。』

释道该说《续名僧传》：『宋释法瑶姓杨氏，河东人，永嘉中过江遇沈台真，请真君武康小山寺，年垂悬车，饭所饮茶，永明中敕吴兴礼致上京，年七十九。』

宋《江氏家传》：『江统字应迁，愍怀太子洗马，常上疏谏云：「今西园卖醯面蓝子菜茶之属，亏败国体。」』

《宋录》：『新安王子鸾、豫章王子尚，诣昙济道人于八公山，道人设茶茗，子尚味之曰：此甘露也，何言茶茗。』

王微《杂诗》：『寂寂掩高阁，寥寥空广厦。待君竟不归，收领今就槚。』

鲍昭妹令晖著《香茗赋》。

南齐世祖武皇帝《遗诏》：『我灵座上，慎勿以牲为祭，但设饼果、茶饮、乾饭、酒脯而已。』

梁刘孝绰《谢晋安王饷米等启》：『传诏：李孟孙宣教旨，垂赐米、酒、瓜、笋、菹、脯、酢、茗八种，气苾新城，味芳云松。江潭抽节，迈昌荇之珍；疆场擢翘，越葺精之美。羞非纯束野麏，裛似雪之驴；鲊异陶瓶河鲤，操如琼之粲。茗同食粲酢，颜望楫免，千里宿舂，省三月种聚。小人怀惠，大懿难忘。』

陶弘景《杂录》：『苦茶轻换膏，昔丹丘子青山君服之。』

《后魏录》：『琅琊王肃仕南朝，好茗饮莼羹。及还北地，又好羊肉酪浆，人或问之：茗何如酪？肃曰：茗不堪与酪为奴。』

《桐君录》：『西阳武昌庐江昔陵好茗，皆东人作清茗。茗有饽，饮之宜人。凡可饮之物，皆多取其叶，天门冬、拔揳取根，皆益人。又巴东别有真茗茶，煎饮令人不眠。俗中多煮檀叶，并大皂李作茶，并冷。又南方有瓜芦木，亦似茗，至苦涩，取为屑茶，饮亦可通夜不眠。煮盐人但资此饮，而交广最重，客来先设，乃加以香芼辈。』

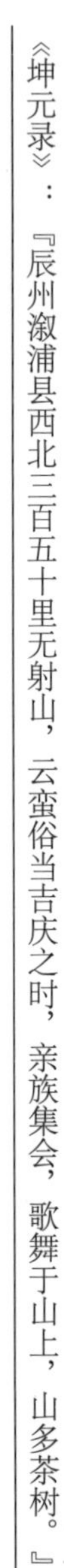

《坤元录》：『辰州溆浦县西北三百五十里无射山，云蛮俗当吉庆之时，亲族集会，歌舞于山上，山多茶树。』

《括地图》：『临遂县东一百四十里有茶溪。』

山谦之《吴兴记》：『乌程县西二十里有温山，出御荈。』

《夷陵图经》：『黄牛、荆门、女观望州等山，茶茗出焉。』

《永嘉图经》：『永嘉县东三百里有白茶山。』

《淮阴图经》：『山阳县南二十里有茶坡。』

《茶陵图经》云：『茶陵者，所谓陵谷，生茶茗焉。』

《本草·木部》：『茗，苦茶，味甘苦，微寒，无毒，主瘘疮，利小便，去痰渴热，令人少睡。秋采之苦，主下气消食。注云：春采之。』

《本草·菜部》：『苦茶，一名茶，一名选，一名游冬。生益州川谷山陵道傍，凌冬不死。三月三日采干。注云：疑此即是今茶，一名茶，令人不眠。』

《本草注》：『按《诗》云：「谁谓荼『苦』」，又云：「堇荼如饴」，皆苦菜也。陶谓之苦茶，木类，非菜流。茗，春采谓之苦茶。』

《枕中方》：『疗积年瘘，苦茶、蜈蚣并炙，令香熟，等分捣筛，煮甘草汤洗，以末傅之。』

《孺子方》：『疗小儿无故惊厥，以葱须煮服之。』

陆羽《茶经》是世界上第一部茶书，影响深远，促使了茶文化的形成。后世人以茶会友，有关茶的诗词文化，信手可拈，流传千载。

论著始于陆：陆羽《茶经》

陆羽，字鸿渐，唐代复州竟陵人（今湖北天门），又名疾，字季疵，号桑苎翁、竟陵子、东冈子，又号“茶山御史”。陆羽一生嗜茶，精于茶道，撰写了世界上第一部茶叶专著——《茶经》。他被誉为“茶仙”，尊为“茶圣”，祀为“茶神”。

陆羽出生于733年，幼年托身佛寺龙盖寺，被智积禅师抚养长大。在龙盖寺，他不但得了学识，也学会了烹茶事务。陆羽自幼好学用功，诗文亦佳。12岁时，陆羽离开龙盖寺，在当地的戏班子里面当了伶人，后来得到谪守竟陵的名臣李齐物赏识，介绍陆羽去了火门山邹老夫子门下受业7年，直到19岁那年才学成下山。

陆羽21岁时，决心写《茶经》，自此开始了他对茶的考察游历。他一路风尘，饥食干粮，渴饮茶水，经义阳、襄阳，往南漳，直到四川巫山。每到一处，陆羽即与当地村老讨论茶事，将各种茶叶制成标本，将途中所了解的关于茶的见闻轶事记下，做了大量的“茶记”。在此期间，陆羽亲自调查和实践，认真总结、悉心研究前人和当时茶叶的生产经验，一共实地考察了32个州，才开始了茶的研究著述。游历与著述前后一共历时10年，写成《茶经》初稿。世界上最早的一部茶学专著《茶经》诞生了，它对后世茶叶生产以及茶文化发展起到了极其巨大的推动作用。

760年时，为了躲避安史之乱，陆羽就隐居于浙江苕溪（今湖州）。期间，陆羽游走四方，经常外出游历名山大川，探泉问茶，另一方面与高僧名士密切交往，共研茶道。在完成《茶经》初稿之后，陆羽在湖州又得到了颜真卿的支持，参考了大量的文献，前后花了5年的时间增补修订，才正式定稿。《茶经》的编撰前后总共历时26年，才最终完成。

《茶经》是茶叶的百科经典，是中国乃至世界现存最早、最完整、最全面介绍茶的专著，被誉为“茶叶百科全书”。它讲述了关于茶叶生产的历史、源流、现状、生产技术以及饮茶技艺、茶道原理，是一部划时代的茶学专著。《茶经》的问世，是中国茶文化发展到一定阶段的重要标志，是唐代茶业发展的产物，是古代茶人关于茶经验的总结。陆羽将自身调查、实践的经验记录下来，总结了唐代及以前各代有关茶的典故、产地、功效、培植、采摘、煎煮、饮用等知识，使茶叶生产自此有了较完整的科学理论依据，对茶叶的生产发展起到了巨大的推动作用。

《茶经》不仅是一部精辟的农学著作，也是一本阐述茶文化的书，它将普通茶事升格为一种美妙的文化艺能。这主要表现在：

第一，在中唐之前，历代史书对茶就有许多记载，但是对于茶的定义，各种史料记载都有说法，没有统一的定论。《茶经》第七篇“七之事”里面，提到了很多的史料，记载了有关

茶事的典故，涉及人物有几十个，还记录了有关茶的特征、产地、效能（如药用、饮用、解乏）、品鉴与清廉的关系、茶传说、茶事、祭祀、茶诗词等广泛内容。此外，在“一之源”中，还记述有“巴山峡川”两人合抱的大茶树、“茶”字字源、茶在历史上的五种称谓等。陆羽将这些史料进行归纳总结，最终写成《茶经》。自《茶经》出现后，“茶”字才终于得以确立，茶也有了最为准确的定义。

第二，《茶经》里面记述有茶树种植、采摘、烹饮、历史典故，那些都是茶文化的萌芽与根基。后世茶人在其基础上加以补充、完善，使茶文化最终成为一门学科。

第三，陆羽《茶经》中自创了“煎茶法”，并列出了28件煮饮用具，记述了煎茶的操作方法和过程。第六篇“六之饮”中提出“茶有九难”，并指出煮好茶就必须注意“造、别、器、火、水、炙、末、煮、饮”这九项。陆羽自创的“煎茶法”在当时以及后世都成为了有关茶煎煮、品饮的规范。

家传旧有经：其他茶学专著

自陆羽著《茶经》之后，茶叶专著陆续问世，进一步推动了中国茶事的发展。这些专著代表作品有唐代张又新的《煎茶水记》、宋代蔡襄的《茶录》、宋徽宗赵佶的《大观茶论》、清代刘源长的《茶史》等。

唐 · 张又新《煎茶水记》

《煎茶水记》全文约900字，初称《水经》，后又因与古书同名而改成此名。内容是根据陆羽《茶经》五之煮撰写，略加发挥。文中尤其注重水品，力荐陆羽的“煮茶之水，用山水者上等，用江水者中等，井水者下等”。叶清臣《述煮茶泉品》篇末称“泉品二十”。该书收录于“中国食经丛书”。

宋 · 蔡襄《茶录》

蔡襄的《茶录》是宋代重要的茶学专著。蔡襄有感于陆羽《茶经》“不第建安之品”而特地向皇帝推荐北苑贡茶，作成《茶录》。全书分为两篇：上篇论茶，分色、香、味、藏茶、炙茶、碾茶、罗茶、候茶、熁盏、点茶十目，主要论述茶汤品质和烹饮方法；下篇论器，分茶焙、茶笼、砧椎、茶铃、茶碾、茶罗、茶盏、茶匙、汤瓶九目。《茶录》是继陆羽《茶经》之后最有影响的论茶专著。

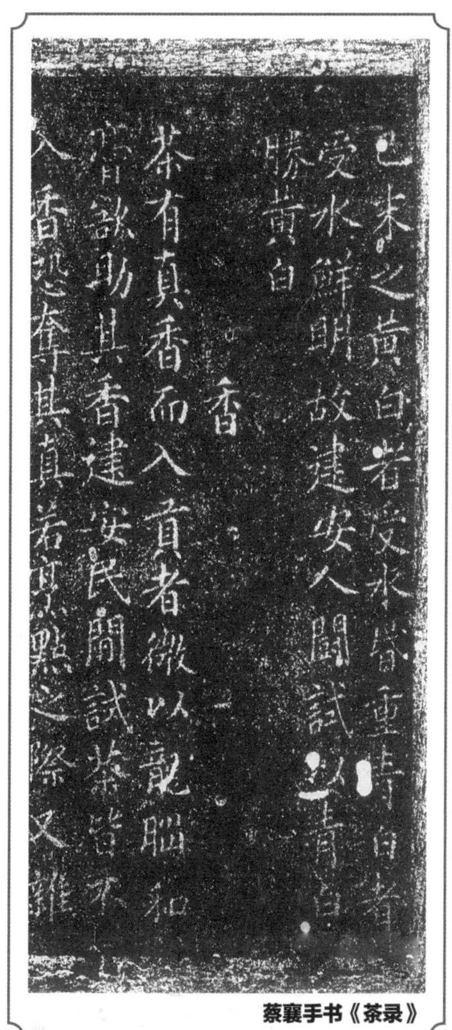

蔡襄手书《茶录》

宋 · 徽宗《大观茶论》

《大观茶论》是宋代皇帝赵佶关于茶的专论，成书于大观元年（1107）。全书共二十篇，对北宋时期蒸青团茶的产地、采制、烹试、品质、斗茶风尚等均有详细记述。其中“点茶”一篇，见解精辟，论述深刻。此书从一个侧面反映了北宋时期茶业的发达程度和制茶技术的发展状况。

明 · 许次纾《茶疏》

《茶疏》为明代许次纾所著。许次纾字然明，号南华，明朝钱塘人。清厉鹗《东城杂记》中是这样记载的：“许次纾……方伯茗山公之幼子，跛而能文，好蓄奇石，好品泉，又好客，性不善饮……所著诗文甚富，有《小品室》《荡栉斋》二集，今失传。予曾得其所著《茶疏》一卷……深得茗柯至理，与陆羽《茶经》相表里。”

许次纾本人嗜茶之品鉴，得吴兴姚绍宪指授，深得茶理。《茶疏》在《茶经》的基础上，增添了包括采茶、制茶等许多细化内容。

清 · 刘源长《茶史》

《茶史》为清代刘源长所著。刘源长，字介祉，明朝末年出生。此书没有注明写作年代，书端题名称“八十老人刘源长介祉著”，由此可见是在其晚年写的。前有康熙十四年陆求可序，十六年李仙根序，雍正六年张廷玉序；后有康熙中谦吉跋，雍正中乃大跋；并附刻清人余怀《茶史补》。全书约 33000 字，分二卷。

上卷记茶品，分茶之原始、茶之名产、茶之分产、茶之近品、陆鸿渐品茶之出、唐宋诸名家品茶、袁宏道《龙井记》、采茶、焙茶、藏茶、制茶。

下卷记饮茶，分品水、名泉、古今名家品水、欧阳修《大明水记》、欧阳修《浮槎山水记》、叶清臣《述煮茶泉品》、贮水、汤候、苏廙《十六汤品》、茶具、茶事、茶之隽赏、茶之辨论、茶之高致、茶癖、茶效、古今名家茶咏、杂录、质地。

谁解助茶香：茶之诗词

中国是茶的国度，又是诗的国家。自茶出现开始，就渗透进诗词之中。中国的诗人、文豪最能领略到“情来爽朗满天地”的激情，领略到“更觉鹤心杳冥”那种与大自然达到“物我玄会”的绝妙感受，茶带给他们无尽的灵感，创作出了优美的茶叶诗词。

唐 · 李白《答族侄僧中孚赠玉泉仙人掌茶》

尝闻玉泉山，山洞多乳窟。仙鼠如白鸦，倒悬清溪月。
茗生此中石，玉泉流不歇。根柯洒芳津，采服润肌骨。
丛老卷绿叶，枝枝相接连。曝成仙人掌，以拍洪崖肩。
举世未见之，其名定谁传。宗英乃禅伯，投赠有佳篇。
清镜烛无盐，顾惭西子妍。朝坐有余兴，长吟播诸天。

唐玄宗天宝十一年，李白与他的侄儿中孚禅师在金陵（今江苏南京）的栖霞寺相遇了，中孚禅师赠仙人掌茶为礼，并请李白以诗作应，于是，李白就写下此诗。

这首诗字里行间都是在说饮茶的妙处，生动形象地描写了仙人掌茶的独特之处。诗中，对仙人掌茶的外形描写是“丛老卷绿叶，枝枝相接连”；对仙人掌茶的制作工艺的句子是“曝成仙人掌，以拍洪崖肩”；最先发现仙人掌茶是散茶的句子是“举世未见之，其名定谁传”。整首诗不吝赞美之辞，充分说明了李白对仙人掌茶的赞美。

唐 · 元稹《茶》

茶

香叶，嫩芽，

慕诗客，爱僧家。

碾雕白玉，罗织红纱。

铫煎黄蕊色，碗转曲尘花。

夜后邀陪明月，晨前命对朝霞。

洗尽古今人不倦，将至醉后岂堪夸。

这首诗是元稹在为白居易升任东都洛阳举行的欢送会上所写的一首诗。会上诸公以“一字至七字”各作一首咏物诗，标题限用一个字。“一言至七言诗”格式十分奇特，又称为“宝塔诗”，从塔顶依次读往下层即可。

元稹的这首茶诗从自然可见的茶叶外形描写起，升发到茶道的意境和元稹的心态，并从茶自身视角用拟人的手法写它与外界的关系。元稹首先写“香叶、嫩芽”与“诗客、僧家”为伴，用拟人的手法，写人们在品茶的过程中与茶为伴，忘却尘世的烦恼。通过“碾雕”与“罗织”写出了茶叶的炒制与筛选步骤，“铫煎”与“碗转”两句则是写煮茶和饮茶的部分。最后四句，“夜后”与“晨前”说茶与晨昏相伴，与朝霞明月相处，这是感悟到了茶的精神。

唐 · 卢仝《走笔谢梦谏议寄新茶》

日高丈五睡正浓，军将打门惊周公。口云谏议送书信，白绢斜封三道印。

开缄宛见谏议面，手阅月团三百片。闻道新年入山里，蛰虫惊动春风起。

天子须尝阳羡茶，百草不敢先开花。仁风暗结珠琲蕾，先春抽出黄金芽。

摘鲜焙芳旋封裹，至精至好且不奢。至尊之余合王公，何事便到山人家？

柴门反关无俗客，纱帽笼头自煎吃。碧云引风吹不断，白花浮光凝椀面。

这首诗是唐代诗人卢仝在品尝友人谏议大夫孟简所赠新茶之后，即兴写成的作品。此诗内容可分为三部分，开头写谢谏议送来的新茶，见到之后，认为此等茶至精、至好、至为稀罕，本应该是天子、王公、贵人才有的享受，现在到了自己口中，有受宠若惊之感。中间部分写煮茶和饮茶的感受。卢仝一共吃了七碗，觉得两腋生清风，飘飘欲仙。

最后，卢仝忽然笔锋一转，转而为苍生请命，希望养尊处优的居上位者，在享受这至精、至好的茶叶时，知道它是多少茶农冒着生命危险，攀悬在山崖峭壁之上采摘来的。诗里蕴含着诗人对劳苦人民的深刻同情。全诗句式长短不拘，错落有致，行文挥洒自如，一气呵成。

佳茗似佳人：陆卢遗风

古时候很多的茶楼、茶馆中，往往都挂着“陆卢遗风”的匾额。这是什么意思？“陆卢”分别指的是唐朝的陆羽和卢仝二人。陆羽因《茶经》而闻名天下，被人们尊为“茶圣”，而卢仝也是唐代与陆羽同一时期的爱茶、饮茶、品茶的名家，陆羽是“茶中圣者”，卢仝则是“茶中亚圣”。“陆卢遗风”即是为了纪念二人。

关于陆羽与卢仝的相识过程有很多版本，不过无一例外的，都颇有着传奇的色彩。

陆羽一生爱茶如命，走了许多名山大川，品尝了许多好茶。有一天，陆羽提着竹篮，篮上盖了块白布，走到一大户人家

门口，闻到门内茶香扑鼻，便笑着寻了过去，但是被门公冷冷地拦了下来。

门公问："你来做啥？"陆羽笑嘻嘻地说："讨茶。"

门公一听，有些疑笃，怕听错了，又再问了一句："讨饭还是讨茶？"

陆羽彬彬有礼地说："求门公赐茶。"门公感到这个人好奇怪，清早不讨饭却讨茶，也从来没有听说过叫花子讨茶。看看陆羽相貌，眉清目秀，又不像是个讨饭的，于是就倒了一盅茶给他。

香茶上口，陆羽发现这茶是新品种，心里暗暗称赞：好茶！再一想，门公能喝这样的好茶，主人用的茶会更好。于是"得寸进尺"，开口对门公说："烦劳门公，我想求见此间主人。"

门公看此人不同凡俗，便进去禀报："禀老爷，说来稀奇，有一个要茶的叫花子求见。"

这间主人便是卢仝，也是爱茶之人。卢仝一听门公的话，又好气又好笑，心想，只有要饭的叫花子，哪来要茶的叫花子？或许门公说错了，于是问："讨什么？"

"讨茶，讨茶。"门公回答道。

卢仝想了一想，于是说："就让他进来吧。"

门公把陆羽领到书房。卢仝一看，来者长得非同一般，就拿出一些长似带的茶叶，泡在茶壶里，顿时满屋芳香，这就是有名的"玉带茶"。

陆羽闻到茶香缭绕，点头含笑，连连称赞："好茶。"又说："可惜啊！可惜！"

卢仝忙问："老兄，可惜什么？"

"可惜茶具不好。"

卢仝虚心请教道："烦请先生指教！"

这时，陆羽提起竹篮，把盖在篮上的白布揭开，原来里面放着一只紫砂茶盘，上面有一把紫砂茶壶、四只紫砂茶盅。陆羽笑着说："用你的茶具只能屋里香，用我的茶具可以使这几间屋子里外闻香。"

卢仝觉得新奇，便拿陆羽的茶壶泡茶，茶刚泡开，果然满屋满院香气四溢。卢仝喜出望外，晓得陆羽是个有学问的人，两人结拜成兄弟。以后，他们俩人为探讨茶的学问四处奔走。听说江南苏州虎丘山明水秀，泉水从岩石里沁出，他俩就跑去那里用山泉煮茶，茶水甚为甘美。后人为了纪念陆羽到苏州考察，在虎丘筑有陆羽楼。

上茶妙墨俱香：著名茶画

饮茶是一大雅事，在中国文人心里特别有共鸣。他们在大自然中品茶，用笔墨描绘山水之境下茶人的生活情趣，尽数乐在其中。比较有代表性的茶画有唐周昉的《调琴啜茗图》、元赵孟頫的《斗茶图》、明文征明的《惠山茶会图》、明唐寅的《事茗图》等。

唐 · 周昉《调琴啜茗图》

周昉，字景玄，又字仲朗，生卒年不详，京兆（今陕西西安）人。出身贵族家庭，先后官至越州、宣州长史。工仕女，初学张萱，多写贵族妇女，也擅长绘像，有“兼得神情”之誉。

《调琴啜茗图》又名《弹琴仕女图》，画中三位贵妇坐在庭院里弹琴、品茶、听乐，两个女仆伺候着。此画充分展现了贵族妇女闲散恬静的享乐生活。图中绘有桂花树和梧桐树，寓意秋日已至，贵妇们似乎已预感到花季过后面临的将是凋零。调琴和啜茗的妇人，肩上的披纱滑落下来，表现出了她们慵懒寂寞和睡意惺忪的颓唐之态。

唐 · 阎立本《萧翼赚兰亭图》

《萧翼赚兰亭图》是唐代大画家阎立本根据唐何延之的《兰亭记》故事所作。这是最早的茶画，描绘唐太宗御史萧翼从王羲之第七代传人袁辩才的手中将“天下第一行书”骗取到手献给唐太宗的故事。画的是萧翼向袁辩才索画，萧翼洋洋得意，老和尚辩才张口结舌，失魂落魄。旁有二仆在茶炉上备茶。各人物表情刻画入微。

元 · 赵孟頫《斗茶图》

该画是茶画中的传神之作。画中，四茶贩在树荫下作“茗战”（斗茶）。

斗茶兴起于唐代，是一种民风民俗。参与者烹制、品评茶叶品质，比较茶艺的高下。画中，四位斗茶手分成两组，每组两人。人人身边有茶炉、茶壶等饮茶用具，轻便的挑担有圆有方。左前一人一手持茶杯、一手提茶桶，昂头看着对方，其身后一人一手持杯，一手提壶，两手拉开距离，正在注汤冲茶。右边一组手持茶杯正在品尝，斗茶者把自制的茶叶拿出来比试，展现了宋代民间茶叶买卖和斗茶的场景。

明 · 文征明《惠山茶会图》

此图描绘的是文征明与王宠、蔡羽、汤珍等七人于暮春时节在惠山之麓汲泉品茗，赏景赋诗的情景。图中山石、树木以干、细的墨笔细致勾画，行笔灵活，富于变化，并染以石绿、赭石色，使整个画面苍翠明丽，极好地表现出暮春时节惠山林木的幽深佳美。

画面景采用截取式构图，突出“茶会”场景：高大的松树，峥嵘的山石，树石之间有一井亭，山房内竹炉已架好，侍童在烹茶，正忙着布置茶具，亭榭内茶人正端坐待茶。

画面人物共有七人，三仆四主，有两位主人围井栏坐于井亭之中，一人静坐观水，一人展卷阅读，还有两位主人正在山中曲径之上攀谈。人物面相虽少肖像画特征，大都雷同，动态、情致刻画却迥异，饶有生趣，并传达出共通的闲适、文雅气质，反映了文人画家传神胜于写形的艺术宗旨。同时，青山绿树、苍松翠柏的幽雅环境，与文人士子的茶会活动相映衬，也营造出情景交融的诗意境界。

明 · 唐寅《事茗图》

《事茗图》是唐伯虎最具代表性的传世佳作。画面用笔工细精致，线条秀润流畅，墨色渲染精细柔和，多取法于北宋的李成和郭熙，与南宋李唐为主的画风又有所不同，为唐寅秀逸画格的精作。

图中描绘出了文人雅士夏日品茶的生活景象：群山飞瀑，巨石巉岩，山下翠竹高松，山泉蜿蜒流淌。画中环境幽静，一座茅舍藏于松竹之中，屋中厅堂内，一人伏案观书，案上置书籍、茶具，一童子煽火烹茶。在屋外有一座板桥，上面有客策杖来访，一僮携琴随后。桥下有泉水，轻轻流过小桥。透过画面，似乎可以听见潺潺水声，闻到淡淡茶香，具体而形象地表现了文人雅士幽居的生活情趣。

幅后自题诗曰："日长何所事，茗碗自赍持。料得南窗下，清风满鬓丝。"引首有文征明隶书"事茗"二字，卷后有陆粲书《事茗辨》一篇。

清神雅助传神韵：著名茶帖

我国古代的诗、赋中，赞美茶的数之不尽。唐代是我国诗词的极盛时期，恰逢陆羽《茶经》问世，饮茶之风更盛，茶与诗词两者相互推波助澜，茶帖的出现数不胜数。

唐 · 怀素《苦笋帖》

《苦笋帖》是可考的最早的与茶有关的佛门书法，也是禅茶一味的产物。苦笋与茶的性状相似，同佛道中人有许多相通的地方，怀素通过书法充分表现了茶与禅的种种缘分。其书法俊健，墨彩如新，直逼二王书风，是怀素传世书迹中的精彩之笔。《苦笋帖》"狂诡"姿态弱，而尽显清逸之态，有古雅淡泊的意趣，与茶意境符合。清吴其贞《书画记》评："书法秀健，结构舒畅，为素师超妙入神之书。"

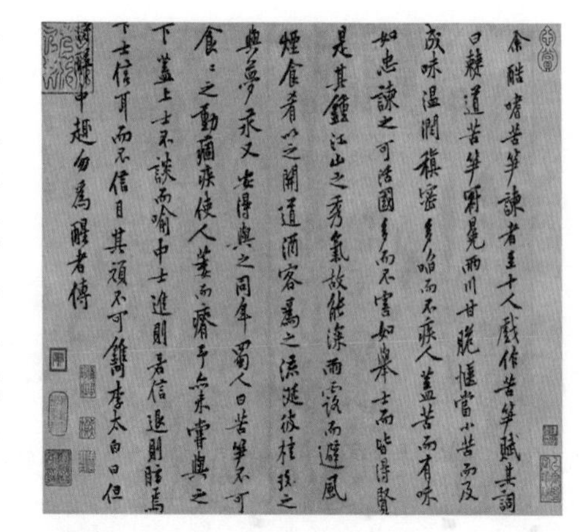

宋 · 苏东坡《啜茶帖》《季常帖》《新岁展庆帖》

“道源无事，只今可能枉顾啜茶否？有少事须至面白。孟坚必已好安也。轼上，恕草草。”《啜茶帖》也称《致道原帖》，是苏轼于元丰三年（1080 年）写给道源的一则便札，邀请道源来饮茶，并有事相商。其书用墨丰瞻而骨力洞达，所谓无意于嘉而嘉。

《季常帖》又名《一夜帖》。全文为：“一夜寻黄居采龙不获，方悟半月前是曹光州借去摹榻，更须一两月方取得。恐王君疑是翻悔，且告子细说与，才取得，即纳去也。却寄团茶一饼与之，旌其好事也。轼白。季常。廿三日。”苏轼随信附寄“团茶一饼”，请季常转赠“王君”，以“旌其好事也”。

《新岁展庆帖》也是苏轼写给陈季常的一通手札。其中涉及茶事内容有：“此中有一铸铜匠，欲借所收建州木茶臼子并椎，试令依样造看。兼适有闽中人便，或令看过，因往彼买一副也。乞暂付去人，专爱护，便纳上。”季常家收藏一副建州木茶臼并椎，苏轼在大年初二写信派人去借，欲请铜匠依样铸造一副。恰好又有一闽人欲回闽，顺便让其认识一下，好让他回闽时给买一副回来。由此帖可知，苏轼对点茶器具也非常讲究。

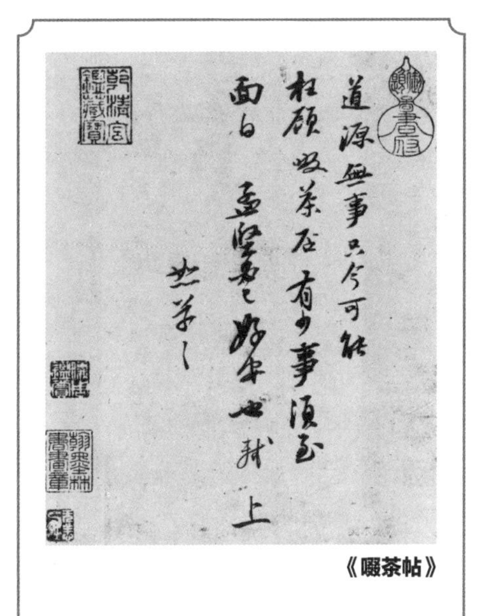

《啜茶帖》

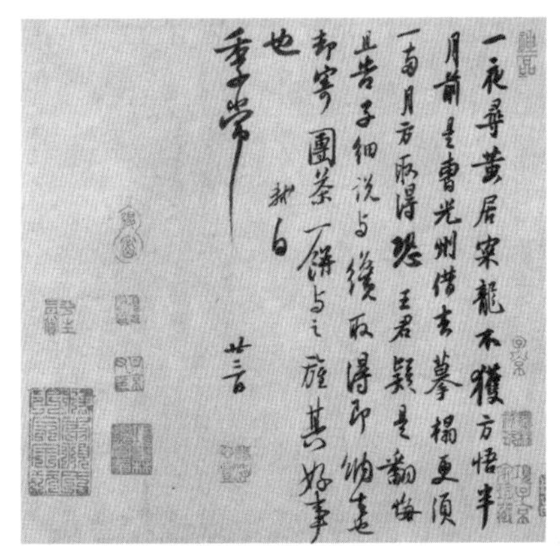

《季常帖》

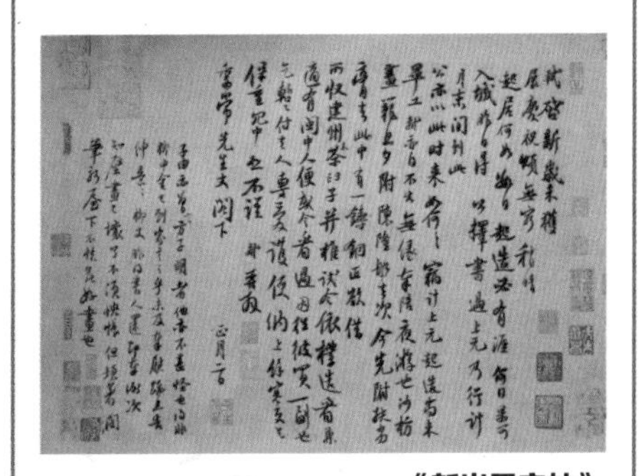

《新岁展庆帖》

宋 · 蔡襄《精茶帖》

《精茶帖》又称《暑热帖》《致公谨尺牍》，约写于皇佑四年（公元 1052 年）6 月，实为蔡襄的一通手札。其文曰：“襄启，暑热不及通谒，所苦想已平复。日夕风日酷烦，无处可避。人生缰锁如此，可叹可叹。精茶数片，不一一，襄上。公谨左右……”其布局与《思咏帖》有异曲同工之妙，蔡襄的内容提到了与茶相关的方面。

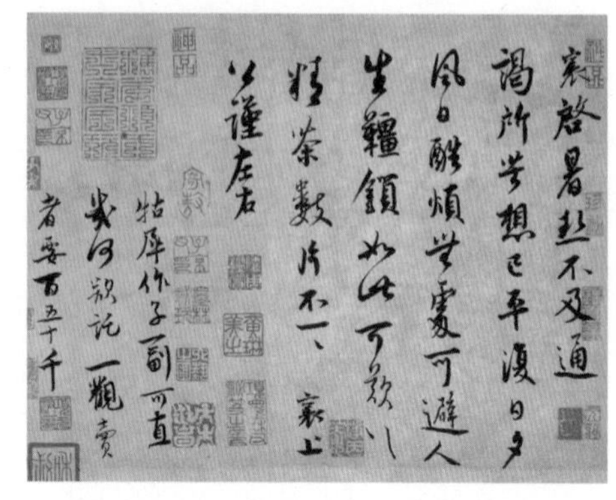

宋 · 米芾《苕溪诗帖》

《苕溪诗帖》末署年款“元戊辰八月八日作”，知作于宋哲宗元祐三年戊辰（公元1088年），时米芾38岁。所书为自撰诗，共6首。《苕溪诗帖》是米芾的一件代表作。诗中记述了他受到朋友的热情款待，每天酒肴不断。一次，米芾身体不适，便以茶代酒，事后作了这首诗，诗曰：“半岁依修竹，三时看好花。懒倾惠泉酒，点尽壑源茶，主席多同好，群峰伴不哗，朝来还蠹简，便起故巢嗟。”说明了当时茶在接待人方面的用途。

清 · 金农《玉川子嗜茶帖》

金农爱茶，其书法中有几件涉及茶，其中浙江省博物馆藏的一幅隶书中堂《玉川子嗜茶帖》，从中可见其对茶的见解：

“玉川子嗜茶，见其所赋茶歌，刘松年画此，所谓破屋数间，一婢赤脚举扇向火。竹炉之汤未熟，长须之奴复负大瓢出汲。玉川子方倚案而坐，侧耳松风，以候七碗之入口，而谓妙于画者矣。茶未易烹也，予尝见《茶经》《水品》，又尝受其法于高人，始知人之烹茶率皆漫浪，而真知其味者不多见也。呜呼，安得如玉川子者与之谈斯事哉！稽留山民金农。”

斗茶

斗茶，又叫“斗茗”“茗战”，是比拼茶的好坏的一项茶事活动，始于唐朝，创于广东惠州，是传统民间风俗之一。不过，它只是古时候有钱有闲之人的一种“雅玩”。

古时，每年的春茶新茶制成后，茶农、茶客们会进行一种比新茶优良次劣排名顺序的活动，这种活动就是斗茶。斗茶有比技巧、斗输赢的方式，富有趣味性和挑战性。唐朝叫“茗战”，宋朝称“斗茶”，都是同一种活动。作为比赛，具有很强的胜负的色彩，同时这也是一种茶叶的评比形式和社会化活动。

斗茶之茶

斗茶的时间多选在清明节期间，因为这个时候新茶刚出，拿出来比赛正好不过。而且斗茶的参与者都是茶的爱好者，在比赛的时候还会有不少街坊邻舍来看热闹。当然，斗茶一般选在茶店斗，附近的茶客也能够喝上一口，对于茶店老板也很有好处，顺便在茶店买点茶喝，比赛之余，更能够得到身心的满足。

斗茶之器

宋徽宗曾经说：“盏以青绿为贵，兔毫为上。”苏轼在《送南屏谦师》诗里写：“道人晓出南屏山，来试点茶三昧手。忽惊午盏兔毫斑，打作春瓮鹅儿酒……”这首诗也是说斗茶，当时人们所用的是兔毫盏。蔡襄在《茶录》一书中对黑瓷兔毫盏同品茶、斗茶的关系说得更加明确：“茶色白，宜黑盏，建安所造者绀黑，纹如兔毫，其坯微厚，最为要用。出他处者，火薄或色紫，皆不及也。其青白盏，斗试家之不用。”所以，斗茶在用具方面十分讲究。用好的茶具泡出来的茶，更添上品。斗茶的时候，茶色以青白胜黄白，所以斗茶的时候，黑白对比分明，用黑瓷茶盏也就十分妙了。

斗茶之水

唐代人煮茶已讲究“三沸水”：一沸，“沸如鱼目，微微有声”；二沸，“边缘如涌泉连珠”；三沸，“腾波鼓浪”。

《茶经 · 五之煮》里面说：水在刚三沸时就要烹茶，再煮，“水老，不可食也”。宋代点茶法同样强调水沸的程度，谓之“候汤”。

《蔡襄 · 茶录》说：“候汤最难，未熟则沫浮，过熟则茶沉。”只有掌握好水沸的程序，才能冲泡出色味俱佳的茶汤。

南宋罗大经认为，点茶应该用“嫩”的沸水，《鹤林玉露 · 茶瓶汤候》记载：“汤嫩则茶味甘，老则过苦矣。”因此，他主张在水沸后，将汤瓶拿离炉火，等停止沸腾后再冲泡茶粉，这样才能使“汤适中而茶味甘”。

斗茶之火

陆羽《茶经 · 五之煮》里说，煮茶“其火用炭，次用劲薪”。

温庭筠《采茶录》说：“茶须缓火炙，活火煎。活火谓炭火之有焰者。当使汤无妄沸，庶可养茶。始则鱼目散布，微微有声。中则四边泉涌，累累连珠。终由腾波鼓浪，水气全消，谓之老汤。三沸之法，非活火不能成也。”

苏轼也说：“活水还须活火烹。”

古人烹茶方法，也很有讲究。第一，火力适度而持久，所以要求燃料性能好；第二，茶味要真，所以燃料不能有烟和异味。

斗茶之技

斗茶是一门综合艺术，除了茶本身、水质和火候外，还必须掌握冲泡技巧。

蔡襄《茶录》将点茶技艺分为炙茶、碾茶、罗茶、候汤、熁盏、点茶等程序。即首先必须用微火将茶饼炙干，碾成粉末，再用绢罗筛过，茶粉越细越好，“罗细则茶浮，粗则沫浮”。候汤即掌握点茶用水的沸滚程度，是点茶成败优劣的关键。

在点茶前，必须用沸水冲洗杯盏，“令热，冷则茶不浮”，叫“熁盏”。正式点茶时，先将适量茶粉用沸水调和成膏，再添加沸水，边添边用茶匙击拂，使茶汤表面泛起一层浓厚的泡沫（即沫饽），能较长时间凝住在杯盏内壁不动，则为成功。宋代斗茶，除比试茶汤的色泽之外，还要比试沫饽的多少和停留在杯盏内壁时间的长短，而“以水痕先者为负，耐久者为胜”。

应当指出的是，点茶既以茶粉为原料，人们在饮用时必然连茶粉带水一起喝下，这与今天的饮茶习惯是不同的。但在日本的茶道中则完整地保留了这一习惯。

斗茶品评

作为赛事活动，就会有胜负。斗茶胜负的一般标准，一是汤色，二是汤花。

汤色，就是指茶水的颜色。在赛事活动中，一般的标准是以纯白为上，青白、灰白、黄白者则稍逊。颜色纯白，表明茶汁鲜嫩，蒸的火候恰到好处；颜色发青，表明蒸的火候不足；颜色泛灰，表明蒸的火候太老；颜色泛黄，则是采摘不及时；颜色泛红，则是炒焙得过头了。

汤花，是指汤面泛起的泡沫。一是看汤花的色泽，因为汤花的色泽与汤色密切相关，所以汤花的色泽标准也是与汤色一样，以鲜白为上；二是在汤花泛起后，水痕出现的早者为负，晚者为胜。如果茶末研磨细腻，点汤、击拂恰到好处，那么汤花就可以紧咬盏沿，久聚不散，这种汤花为优；如果汤花泛起，很快散开，那么说明汤花为劣。

斗茶不仅要看结果，还要看过程。参加斗茶的人要各自献出所藏名茶，相互之间轮流品尝。对斗茶的人数则没有要求，不过一般多为两人，三斗两胜，计算胜负的术语叫“相差几水”。斗茶的结果要经过集体品评，选出具备上乘者的一方作为胜利一方。比赛内容包括茶叶的色相与芳香度、茶汤香醇度、茶具的优劣、煮水火候的缓急等。有时候，在茶质方面可能略次于对方，但如果在烹煮过程中技法得当，也有可能最后取胜。

斗茶过程中，用同样的水煎茶，最能检验茶质优劣。这就要求斗茶者们必须了解茶性、水质以及煎后效果，不盲目而行。宋代范仲淹《斗茶歌》里面说得好：“斗茶味兮轻醍醐，斗茶香兮薄兰芷，其间品第胡能欺，十目视而十手指。”

现代惠州民间斗茶，根据现代的评茶标准去斗茶，评选依据干茶（形状、色泽）、汤色、口感、叶底作综合评分。

分茶

分茶是宋代流行的一种“茶道”，又称茶百戏、汤戏或茶戏，大约始于北宋初年。许政扬《宋元小说戏曲语释》中说：“‘分茶’就是烹茶、煎茶。”《宋诗选注》摒弃旧释，说：“‘分茶’是宋代流行的一种‘茶道’。”《疏山东堂昼眠》这样解释分茶：“分茶，宋人泡茶之一种方法，即以开水注入茶碗之技艺。”

活艺术

唐陆游《临安春雨初霁》诗云：“矮纸斜行闲作草，晴窗细乳戏分茶。”陆游把“戏分茶”与“闲作草”并提，可见这“分茶”并非一般活动，它不同于斗茶、茗战，不是寻常的品茗游戏，而是一种独特的烹茶游艺。

宋向子湮《浣溪纱》题云：“赵总持以扇头来乞词，戏有次赠。赵能善棋、写字、分茶、弹琴。”向子湮把分茶与琴、棋、书等艺并列，也说明分茶为当时文人喜爱的一种文化活动。

分茶的要求是要使茶汤汤花在瞬间显示出瑰丽多变的景象，所以这就需要较高的沏茶技艺。

分茶的技艺一般来说有两点：一是用“搅”创造出来的汤花形象；二是直接用“点”使汤面形成汤花。点茶的方法是用单手提执壶，将壶倾斜，让沸水由上而下，注入盛有茶末的茶盏内，将茶水冲成变幻无穷的物象。无论是哪一点，都需要注重注水的高低、手势的不同、壶嘴造型的不一。

宋代以后，由于茶类改制，龙凤团饼已被炒青散茶所替代，茶的饮用方法也随之而改变，所以，分茶游戏也就逐渐销声匿迹了。另一方面，分茶在宋代只流行于宫廷和士大夫阶层，没有广泛的民间基础，所以失传也属必然。

水丹青

分茶的表现力非常丰富。在分茶过程中，用茶水中的泡沫表现字画的独特艺术，与中国字画十分类似，所以古人又称之为“水丹青”。分茶使中国字画的表现形式多样化起来，由原来的单一静态发展到利用水流形成的多样动态，展现了不可替代的艺术价值。

分茶是一种艺术，杨万里《澹庵坐上观显上人分茶》中很是生动地记述了分茶时的情景，诗说：“分茶何似煎茶好，煎茶不如分茶巧。蒸水老禅弄泉手，隆兴元

春新玉爪。二者相遇兔瓯面，怪怪奇奇真善幻。纷如擘絮行太空，影落寒江能万变。银瓶首下仍尻高，注汤作势字嫖姚。”

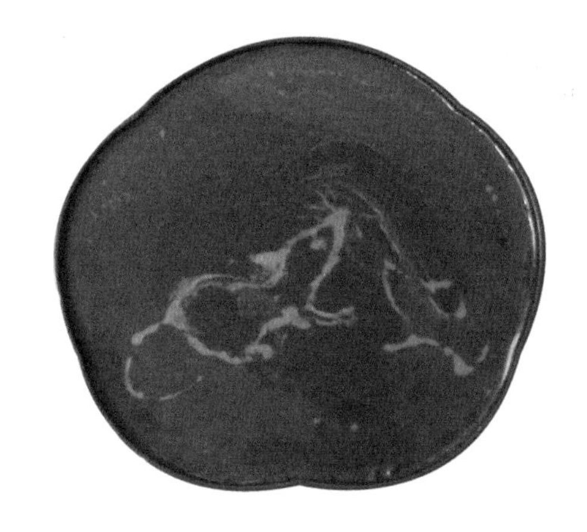

分茶中，茶与水在兔毫盏中相遇，茶的水面上变幻出各种各样的画面，犹如丹青妙笔。北宋初年，陶谷《荈茗录》中说到一种叫“茶百戏”的游艺：“茶至唐始盛，近世有下汤运匕，别施妙诀，使汤纹水脉成物象者。禽兽虫鱼花草之属，纤巧如画，但须臾即就散灭。此茶之变也，时人谓茶百戏。”这里所说的“茶百戏”便是“分茶”。茶百戏说“碾茶为末，注之以汤，以笑击拂”，盏面上的汤纹水脉会在茶盏中变出种种图样，各种各样的图案呈现在茶面上，恰如一幅幅水墨图画。

分茶不仅仅是一种泡茶的步骤，而且是观赏和品饮兼备的古茶艺，它将茶由单纯的饮用上升到很高的艺术欣赏性。在分茶的过程中，用茶和水为原料在茶汤中形成文字和图像，给人以赏心悦目的艺术感受。

中国人大多数都喜欢喝茶，因为茶不仅香气飘逸、味道好，而且对人体还有保健作用。

古代保健茶

在古代就有保健茶的存在，并被记录流传下来，为后代人留下了宝贵的财富。下面介绍一下几种古代保健茶配方：

仙茶

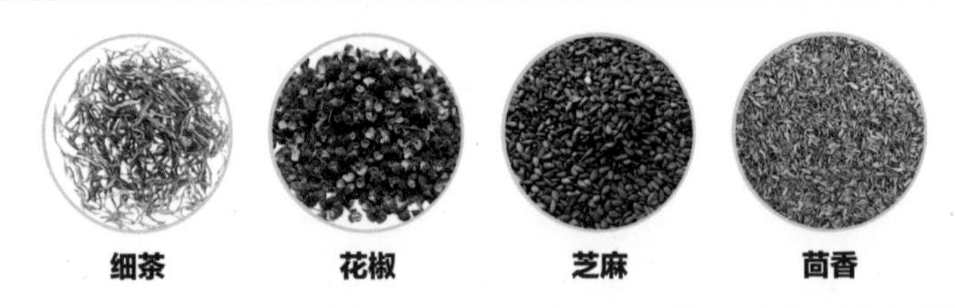

配方 细茶 500 克，净花椒 75 克，净芝麻 375 克，净小茴香 150 克，泡干白姜、炒白盐各 30 克，粳米、黄粟米、黄豆、赤小豆、绿豆各 750 克

出处 明 · 韩懋《韩氏医通》

用法 将以上各物研成细末，和合在一起。麦面炒黄熟，与前面十一味等分拌匀，然后用瓷罐收贮起来。将胡桃仁、南枣、松子仁、白砂糖之类任意加入。每服 3 匙，白开水冲服。

功效 益精悦颜，保元固肾。适用于四五十岁中寿之年延缓衰老。

白术甘草茶

绿茶

白术

甘草

配方 绿茶 3 克，白术 15 克，甘草 3 克

出处 清 · 邵炳扬《经验方》

用法 将白术、甘草加水约 600 毫升，煮沸 10 分钟，加入绿茶即可。分 3 次温饮，再泡再服，日服 1 剂。

功效 健脾补肾，益气生血。

芝麻养血茶

茶叶

芝麻

配方 黑芝麻 6 克，茶叶 3 克

出处 清 · 李化楠《醒园录》

用法 将黑芝麻炒黄，与茶加水煎煮 10 分钟。芝麻与茶叶可以一起吃。

功效 滋补肝肾，养血润肺。治肝肾亏虚、皮肤粗糙、毛发黄枯或早白、耳鸣等。

返老还童茶

乌龙茶

何首乌

槐角

配方 槐角 18 克，何首乌 30 克，冬瓜皮 18 克，山楂肉 15 克，乌龙茶 3 克

出处 民间验方

用法 将前面四味药用清水煮后去渣，再将乌龙茶用这种药汁蒸熟后当茶饮。

功效 清热化瘀、益血脉，可增强血管弹性，降低血中胆固醇含量，防治动脉硬化。

杜仲茶

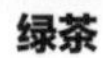
绿茶

杜仲

配方 杜仲 6 克，绿茶适量

出处 民间验方

用法 杜仲研末，用绿茶水冲服。每日 2 次，每次 3 克。

功效 补肝肾，强筋骨，降血压。

人参茶

茶叶

五味子

人参

龙眼肉

配方 茶叶 15 克，五味子 20 克，人参 10 克，龙眼肉 30 克

出处 民间验方

用法 将五味子、人参捣烂，龙眼肉切细丝，将三者与茶叶拌匀，用沸水冲泡 5 分钟，随意饮。

功效 健脑强身，补中益气。

首乌松针茶

乌龙茶

何首乌

松针

配方 何首乌 18 克，松针（松花更佳）30 克，乌龙茶 5 克

出处 民间验方

用法 先将何首乌、松针或松花用清水煮沸 20 分钟左右，去渣，再用沸烫的药汁冲泡乌龙茶 5 分钟即可。每日 1 剂，不限时饮服。

功效 补精益血，扶正祛邪。用于肝肾亏虚，及从事化学性、放射性、农药制造、核技术工作及矿下作业等人员，放疗、化疗后白细胞减少等人员。

党参红枣茶

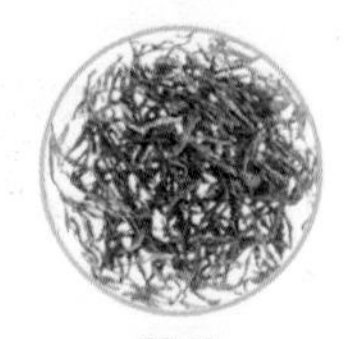
茶叶

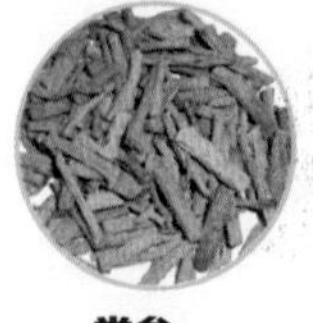
党参

红枣

配方 党参 20 克，红枣 10 ~ 20 枚，茶叶 3 克

出处 民间验方

用法 将党参、红枣用清水洗净后，与茶同泡后饮用。

功效 补脾和胃，益气生津。适用于体虚、病后饮食减少、大便溏稀、体困神疲、心悸怔忡。

芝麻茶

茶叶

白芝麻

配方 茶叶 5 克，白芝麻 30 克

出处 民间验方

用法 将白芝麻焙黄、压碎，用茶水冲服。每日清晨服 1 剂。

功效 滋补强身，补血润肠。

酥油茶

砖茶

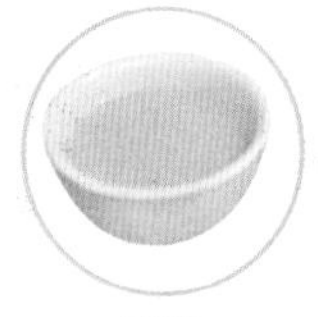
酥油

牛奶

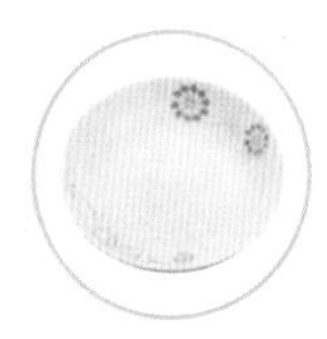
精盐

配方 酥油（即奶油，从鲜乳中提炼而成）150 克，砖茶、精盐各适量，牛奶 1 杯

出处 传统茶方

用法 先用酥油 100 克、精盐 5 克，与牛奶一起倒入干净的茶桶内。再倒入 1 ~ 2 升熬好的茶水。然后用洁净的细木棍上下抽打 5 分钟，再放入 50 克酥油，再抽打 2 分钟。打好后，倒入茶壶内加热 1 分钟左右（不可煮沸，沸则茶油分离，不好喝）。不限时服。

功效 滋阴补气，健脾提神。适用于病后、产后及各种虚弱之人，可增强体质，增进食欲，加快康复。

硫黄茶

紫笋茶

硫黄

配方 硫黄、诃子皮、紫笋茶各 9 克

出处 宋徽宗组织编纂《太平圣惠方》

用法 将硫黄研为细末，用净布袋包好，与诃子皮、紫笋茶一起加适量水，煮沸 10 ~ 15 分钟即可，过滤取汁用。每日 1 剂，温服。

功效 温肾壮阳，敛涩止泻。适用于肾阳虚衰、五更泄泻、腹部冷痛、四肢不温，或久泻不止。阴虚阳亢者或孕妇忌用。

乌发童颜茶

绿茶

何首乌

大生地

配方 何首乌（切片蒸后晒干）、大生地（酒洗）、绿茶各等份

出处 民间验方

用法 将以上三种材料合在一起煎水取汁（忌沾铁器）服。连服三四个月。注意饮食起居，心情要愉快，忌吃各种血、葱、蒜、萝卜等食物。

功效 治未老先衰、青年贫血体弱。服用期间，若出现伤风咳嗽或消化不良、大便溏薄，应暂停服用。

当归茶

红茶

当归

配方 当归 10 克，红茶 3 克

出处 传统药茶方

用法 用当归的煎煮液 300 毫升泡茶饮用，冲饮至味淡。可加糖。

功效 补血和血，调经止痛，润燥滑肠。可治月经不调、闭经、痛经、血虚头晕目眩、心悸、疲倦、冠心病心绞痛、血栓闭塞性脉管炎、血虚便秘、跌打损伤、高血压病、慢性盆腔炎。

玉竹薄茶

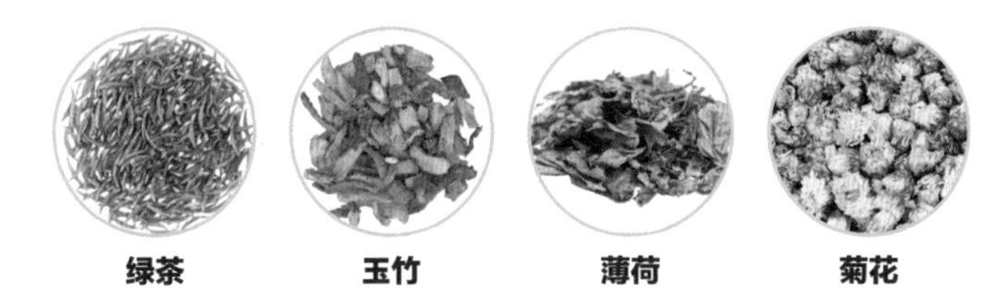

配方 玉竹 5 克，薄荷 3 克，菊花 3 克，绿茶 3 克

出处 宋・太医院编《圣济总录》

用法 用 300 毫升开水一起冲泡后饮用。可加冰糖。

功效 有养阴、疏表、明目的功效。可治疗外感热病后目赤痛、视物昏花。

芦麦茶

配方 芦根 5 克，麦门冬 3 克，绿茶 3 克

出处 唐・孙思邈《千金方》

用法 用 250 毫升开水冲泡后饮用。可加冰糖。

功效 有养阴清热的功效，可治疗霍乱吐泻、口烦渴、小便黄、咽喉不利。

养胃茶

绿茶

玉竹

沙参

生地

麦冬

冰糖

配方 玉竹 5 克，沙参 3 克，麦冬 3 克，生地 3 克，绿茶 3 克，冰糖 10 克

出处 清 · 吴瑭《温病条辨》

用法 用 300 毫升开水冲泡以上材料后饮用，冲饮至味淡。

功效 有养胃生津的功效。热病发汗后，当复其阴，以滋养耗伤之胃津；可治咽喉不利。

麦冬夏茶

绿茶

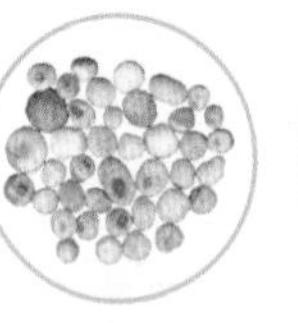

半夏

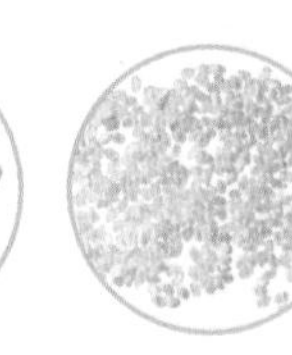
人参

粳米

麦冬

甘草

配方 麦冬 5 克，半夏 3 克，人参 3 克，粳米 3 克，甘草 3 克，绿茶 5 克

出处 东汉 · 张仲景《金匮要略》

用法 用前五味药的煎煮液 350 毫升泡茶饮用，冲饮至味淡。

功效 养阴益气，利咽喉。可治疗火逆上气、干咳咯痰。

麦地茶

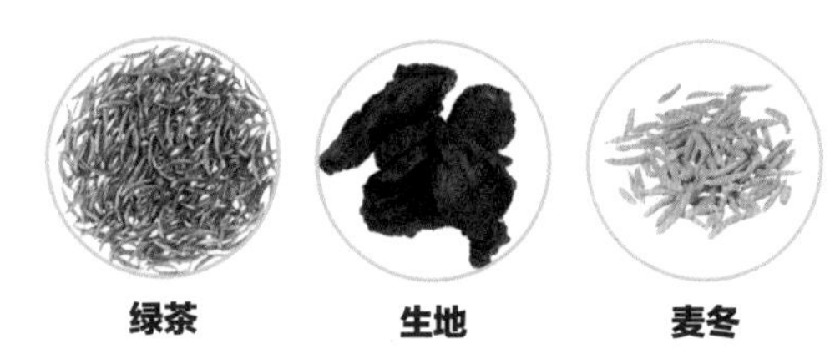

绿茶　　生地　　麦冬

配方 麦冬 5 克，生地 3 克，绿茶 3 克

出处 宋·严用和《济生方》

用法 用 250 毫升开水冲泡或用前二味药的煎煮液泡茶饮用。可加冰糖。

功效 养阴清热。可治疗热病烦渴、鼻出血、咽喉不利。

天贝茶

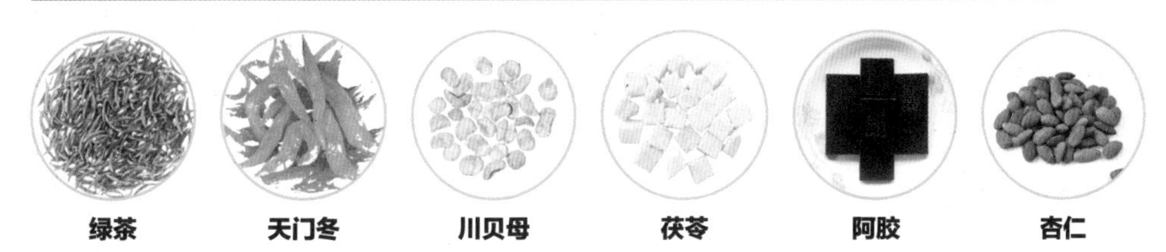

绿茶　　天门冬　　川贝母　　茯苓　　阿胶　　杏仁

配方 天门冬 5 克，川贝母 3 克，茯苓 3 克，阿胶 3 克，杏仁 3 克，绿茶 3 克

出处 宋·许叔微《普济本事方》

用法 用前五味药的煎煮液 400 毫升泡绿茶饮用。

功效 清肺祛痰。可治肺热咳嗽咯血、吐血、肺癌、乳腺癌。

芍姜茶

配方 白芍 5 克，干姜 3 克，红茶 3 克

出处 传统药茶方

用法 用前二味药的煎煮液 300 毫升泡茶饮用，冲饮至味淡。

功效 温经止痛。可治痛经和寒性胃腹疼痛。

现代保健茶

喝茶能防病治病已经被公众认可。近年来，随着营养保健知识的丰富，人们对药茶的兴趣也日渐浓厚，特介绍几种常用且行之有效的药茶以供选择。

糖蜜红茶

红茶　蜂蜜　红糖

配方 红茶 5 克，蜂蜜、红糖各适量

用法 将红茶放入保温杯中，用沸水浸泡 10 分钟，调入适量蜂蜜及红糖，趁热饮，每日 3 剂，饭前饮用。

功效 可辅助治疗胃、十二指肠溃疡。

泽兰绿茶

绿茶　泽兰叶

配方 泽兰叶（干品）10 克，绿茶 1 克

用法 共入杯中，沸水冲泡加盖，5 分钟后可饮。

功效 适于月经提前错后，经血时多时少、气滞血阻、经期小腹胀痛。

川芎糖茶

绿茶　川芎　红糖

配方 川芎 6 克，绿茶 6 克，红糖适量

用法 用清水 1 碗半煎至 1 碗，去渣饮服。

功效 能祛风止痛，主治风寒头痛、血虚头痛等。

姜茶

茶叶

干姜

配方 茶叶 60 克，干姜 30 克

用法 一起研磨，每次服 3 ～ 4 克，日服 3 次。

功效 治急性肠胃炎。若以茶叶 10 克、生姜 10 克、红糖适量煎服热饮，可治感冒咳嗽。

艾叶老姜茶

陈茶叶

艾叶

老姜

紫皮大蒜

配方 陈茶叶、艾叶各 6 克，老姜 50 克，紫皮大蒜 2 头，食盐少许

用法 煎汤，一剂分两次服用。

功效 治神经性皮炎。

苦瓜解暑茶

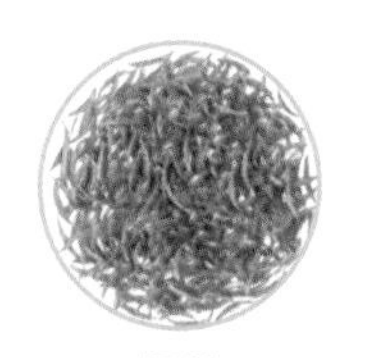
绿茶

苦瓜

配方 苦瓜、绿茶各适量

用法 将苦瓜上端切开，挖去瓜瓤，装入绿茶，把瓜挂于通风处阴干，取下洗净，连同茶切碎、混匀，取 10 克放入杯中以沸水冲沏，闷半小时，可频频饮用。

功效 有清热解暑除烦之功效，适用于中暑发热、口渴烦躁、小便不利等。

菊花龙井茶

龙井

菊花

配方 菊花 10 克，龙井茶 5 克

用法 将 2 种材料和匀放入茶杯内，冲入开水，加盖泡 10 分钟后饮服。

功效 有疏散风热、清肝明目的功效，对早期高血压、慢性肝炎、风热头痛、结膜炎等症有辅助治疗作用。

姜盐茶

绿茶

干姜

配方 生姜 2 片，食盐 4 克，绿茶 6 克

用法 将 3 种材料一起放入杯中用沸水冲泡 30 分钟后饮服。

功效 有清热润燥、和胃止呕的功效，适用于口渴多饮、胃部不适、心中烦闷、多尿等。

捌之
山

何山尝春茗，何处弄清泉

山南以峡州上，襄州、荆州次，衡州下，金州、梁州又下。

淮南以光州上，义阳郡、舒州次，寿州下，蕲州、黄州又下。

浙西以湖州上，常州次，宣州、杭州、睦州、歙州下，润州、苏州又下。

剑南以彭州上，绵州、蜀州次，邛州次，雅州、泸州下，眉州、汉州又下。

浙东以越州上，明州、婺州次，台州下。

黔中生恩州、播州、费州、夷州，江南生鄂州、袁州、吉州，岭南生福州、建州、韶州、象州。其恩、播、费、夷、鄂、袁、吉、福、建、泉、韶、象十二州未详。往往得之，其味极佳。

陆羽按照唐代各地区的自然形式，将产茶区域分成几个产区。这几个产区在唐代是用道来表示的，道是指在唐代地方级别的行政区域规划，先有关内道、河南道、河东道、河北道、山南道、陇右道、淮南道、江南道、剑南道、岭南道，后来又增设了黔中道、京畿道、都畿道，以及将山南道和江南道划分成东西两道。

陆羽《茶经》中所说的“八出”，包括山南道、淮南道、浙西道、浙东道、剑南道、黔中道、江南道、岭南道。这八个道所涉及的区域，包括现在的湖北省、湖南省、陕西省、河南省、安徽省、浙江省、江苏省、四川省、贵州省、江西省、福建省、广东省、广西壮族自治区等十三个省及自治区。现代产茶区域更加广泛，茶的迁移和种植已经遍及全国，茶的种类也分成多种类型。

绿茶

绿茶是我国历史上出现最早的茶类，目前全国生产的茶叶有 70% 属于绿茶，是我国的“国饮”。

绿茶茶叶确实含有与人体健康密切相关的生化成分。绿茶较多地保留了鲜叶内的天然物质，其中茶多酚、咖啡碱保留鲜叶的 85% 以上，叶绿素保留 50% 左右，维生素流失也较少，从而形成了绿茶“清汤绿叶，滋味收敛性强”的特点。绿茶具有提神清心、清热解暑、消食化痰、去腻减肥、清心除烦、解毒醒酒、生津止渴、降火明目、止痢除湿等药理作用。

绿茶的主要产区包括山东、江苏、上海、浙江、福建、广东、海南、广西、云南、贵州、湖南、江西、安徽、湖北、重庆、四川、河南、甘肃等地，其中以浙江、安徽、湖北、湖南、江西、江苏、贵州居多。

绿茶
- 炒青绿茶
  - 眉茶：特珍、珍眉、凤眉、秀眉、贡熙等
  - 珠茶：雨茶等
  - 细嫩炒青：龙井、信阳毛尖、六安瓜片、大方、碧螺春、雨花茶等
- 烘青绿茶
  - 普通烘青：闽烘青、浙烘青、徽烘青、苏烘青等
  - 细嫩烘青：黄山毛峰、太平猴魁、华顶云雾等
- 蒸青绿茶　煎茶、玉露等
- 晒青绿茶　滇青、川青、陕青等

红茶

红茶属于全发酵茶类，是以茶树的芽叶为原料，经过萎凋、揉捻、发酵、干燥等典型工艺过程精制而成。因其干茶色泽和冲泡的茶汤以红色为主调，故名红茶。红茶也是生产、销售最多的一个茶类，有工夫茶、红碎茶和小种红茶。其中，小种红茶开创了中国红茶的纪元。

红茶开始创制时称为“乌茶”，在加工过程中发生了以茶多酚酶促氧化为中心的化学反应，鲜叶中的化学成分变化较大，茶多酚减少 90% 以上，产生了茶黄素、茶红素等新的成分。香气物质从鲜叶中的 50 多种，增至 300 多种，一部分咖啡碱、儿茶素和茶黄素络合成滋味鲜美的结合物，从而形成了红茶、红汤、红叶和香甜味醇的品质特征。红茶具有抗癌、抗心血管病等作用，作为暖胃、助消化的良药，胃凉者和身体虚弱者宜多喝红茶。

红茶的主要产区包括江苏、安徽、浙江、福建、台湾、广东、广西、海南、云南等地区。

红茶

类别	代表
小种红茶	正山小种、烟小种等
工夫红茶	滇红、祁红、川红、闽红等
红碎茶	叶茶、碎茶、片茶、末茶等

青茶

青茶又称乌龙茶，往往是“茶痴”的最爱。其品质介于绿茶和红茶之间，香气浓郁持久、沁人心脾。青茶有半发酵茶及全发酵茶，品种较多，是中国几大茶类中独具鲜明特色的茶叶品类。青茶是经过杀青、萎凋、摇青、半发酵、烘焙等工序后制出的品质优异的茶类。

青茶综合了绿茶和红茶的制法，既有红茶的浓鲜味，又有绿茶的清香味。它的药理作用，突出表现在分解脂肪、减肥健美等方面，在日本被称为“美容茶”“健美茶”。青茶是一种中性茶，不寒不热、辛凉甘润，适合大多数人饮用。

青茶主要产于我国福建闽北、闽南、台湾、广东等地区，目前已形成以铁观音为代表的闽南乌龙、以岩茶大红袍为代表的闽北乌龙、以凤凰单枞为代表的广东乌龙、以冻顶乌龙为代表的台湾乌龙四大系列。近年来四川、湖南等省也有少量生产。这些构成一个香型最丰富、茶韵最独特的广阔天地。

青茶
- 闽北乌龙　武夷岩茶、水仙、大红袍、肉桂等
- 闽南乌龙　铁观音、奇兰、黄金桂等
- 广东乌龙　凤凰单枞、凤凰水仙、岭头单枞等
- 台湾乌龙　冻顶乌龙、包种等

黄茶

黄茶不仅茶身黄，汤色也是浅黄至深黄色，“黄汤黄叶”，是名副其实的“黄”茶。黄茶最重要的工序是闷黄，这是形成黄茶特点的关键。做法是将杀青和揉捻后的茶叶用纸包好，或堆积后以湿布盖之，时间以几十分钟或几个小时不等，促使茶坯在水热作用下进行非酶性的自动氧化，形成黄色。

黄茶毫香鲜嫩，汤色杏黄明净，滋味甘醇鲜爽。其性凉微寒，适合胃热者饮用。

黄茶主要产于我国安徽、浙江、湖北、湖南、广东、四川等地区。

黄茶
- 黄芽茶　君山银针、蒙顶黄芽等
- 黄小芽　北港毛尖、沩山毛尖、温州黄汤等
- 黄大芽　霍山黄大茶、广东大叶青等

白茶

白茶多为芽头，呈白色，如银似雪，所以称为白茶。白茶属轻微发酵茶，是我国茶类中的特殊珍品，萎凋是形成白茶品质的关键工序。白茶具有外形芽毫完整、满身披毫、毫香清鲜、汤色黄绿清澈、滋味清淡回甘的品质特点。

白茶芽头肥壮，汤色黄亮，滋味鲜醇，叶底嫩匀。冲泡后品尝，滋味鲜醇可口，还有药理作用。中医药理证明，白茶性清凉，能健胃提神，祛湿退热，作为药用，性平缓，味甘甜，具有退热降火之功效，且适合中老年人饮用。

白茶主要产于我国福建松政、福鼎、建阳等县的部分地区。

白茶

- 白芽茶　白毫银针等
- 白叶芽　白牡丹、贡眉等

黑茶

黑茶的茶色为黑褐色，所以称黑茶。黑茶一般采用的原料较粗老，是压制紧压茶的主要原料。制茶工艺一般包括杀青、揉捻、渥堆和干燥四道工序。

黑茶香气高锐持久，带有云南大叶茶种特性的独特香型，滋味浓强，富于刺激性；耐泡，经五六次冲泡仍持有香味，汤橙黄浓厚，芽壮叶厚，叶色黄绿间有红斑红茎叶，条形粗壮结实，白毫密布。在古代，黑茶是作为药用的，具有降血脂、降胆固醇、健美减肥、醒酒解毒等功效。

黑茶主要产于我国的重庆、湖南、广东、台湾、云南等地区，其中主要是湖南黑茶、湖北老边茶、四川边茶、广西六堡散茶、云南普洱茶等。

黑茶

- 湖南黑茶　安化黑茶等
- 湖北老青茶　蒲圻老青茶
- 四川边茶　南路边茶、西路边茶等
- 滇桂黑茶　普洱茶、六堡茶等

泉嫩黄金涌，牙香紫蟹栽：产区茶品四等

《茶经》中，按照自然形式将产茶区域分成了八个产区，又将其中的五个产区的茶叶分成上、次、下、又下四个等次，还有三个产区没有对茶的等次进行划分。陆羽只将同一个产区内所产茶的等次进行划分，对处于同一等次不同产区的茶，由于品质并不相同，所以就没有进行比较。

随着时代的发展与农业生产技术的进步，茶叶的种类已经从单一品种发展成诸多品种，茶树在栽培、采制技术等各方面已有极大进步，所以，将各个地区的茶分等次已经不太科学。

从茶叶品质的等级来考虑茶叶要素，茶叶的产区因为条件的不同，也无法进行严格的划分，从影响茶叶品质因素上说，适宜茶树栽培的生态条件有几大极限：

土壤 pH4.5~6.5，呈弱酸性反应。

气温 年平均气温 15℃以上，年总积温 4500℃以上。

雨量 年降水量 1000 毫米以上。

湿度 空气相对湿度 80% 左右。

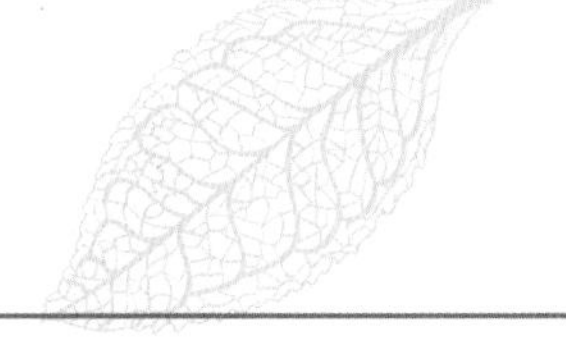

所以，茶叶产区在以上条件内，气候、土壤、地形、植被等生态条件的影响，让不同的茶树品种对于这些生态条件的适应有着明显差异。我们选择茶园茶树的品质时，要考虑气候条件、自然地理条件，并要注意茶树品种、茶叶种类的选择。现代茶叶都是在以上条件影响下栽种的，如果背离了这些客观规律，生产出来的茶叶就不是上品，也不能收到最大的经济效益。

玖之略

客至心常热，人走茶不凉

其造具，若方春禁火之时，于野寺山园丛手而掇，乃蒸，乃舂，乃以火干之，则又棨、朴、焙、贯、相、穿、育等七事皆废。其煮器，若松间石上可坐，则具列，废用槁薪鼎枥之属，则风炉、灰承、炭挝、火筴、交床等废；若瞰泉临涧，则水方、涤方、漉水囊废。若五人已下，茶可末而精者，则罗废；若援藟跻嵒，引絙入洞，于山口炙而末之，或纸包合贮，则碾、拂末等废；既瓢碗、筴、札、熟盂、醝簋悉以一筥盛之，则都篮废。但城邑之中，王公之门，二十四器阙一则茶废矣！

饮茶贵在自然，不要拘泥。古人品茶十分讲究。陆羽提倡『精行俭德』的饮茶风尚，对茶的采制工具提倡简，但是过程并没有缺失，必要的过程都保留着，只在某些特定的环境中少了几样工具。对于煮具，陆羽同样提倡简。

古人崇尚自然和谐的生活方式，经常在景色宜人的山野中进行集会，携带诸多茶具显然不便，于是对于茶具的要求也宽松了很多。例如在松林中的石座上，直接放置茶具，不需要具列；在山冈中用干柴、锅等煮茶，也可以省略一系列的器具；泉水或者溪涧旁，滤水和盛水等器具也可以省略。

器具的省略，可以说是对于现煮现饮的喜爱，是崇尚自然的风格。随着时代的发展，现代饮茶也讲究因地制宜，不拘泥于饮茶的程序、礼法、规则，贵在朴素、简单，在自然之中默契天真，妙合大道。

拾之园

经翻陆羽，歌记卢仝

以绢素或四幅或六幅，分布写之，陈诸座隅，则茶之源、之具、之造、之器、之煮、之饮、之事、之出、之略，目击而存，于是《茶经》之始终备焉。

把经写在纸上，把茶悟在心里。唐代刘贞德曾经总结说茶有十德：以茶散郁气；以茶驱睡气；以茶养生气；以茶除病气；以茶利礼仁；以茶表敬意；以茶尝滋味；以茶养身体；以茶可行道；以茶可养志。

品茶，就是品味生活，品味四季的韵味，茶用嘴品，却要用心去悟。茶事是事，事到无心皆可乐。茗品须品，人非有品不能闲。

茶如人生，第一道茶鲜爽醇厚，第二道茶思人生之味，第三道茶参悟苦涩。一杯清茶，三味一生，人生犹如茶一样，或浓或淡，都要细细地去品味。

图书在版编目(CIP)数据

陆羽茶经 / 郑柔敏编著. -- 沈阳 : 辽宁科学技术出版社, 2019.6
ISBN 978-7-5591-1101-2

Ⅰ.①陆… Ⅱ.①郑… Ⅲ.①茶文化-中国②《茶经》-研究 Ⅳ.①TS971.21

中国版本图书馆CIP数据核字(2019)第043929号

陆羽茶经

LUYU CHAJING

郑柔敏 编著

出版发行：辽宁科学技术出版社
（地址：沈阳市和平区十一纬路25号　邮编：110003）
印 刷 者：辽宁新华印务有限公司
经 销 者：各地新华书店
幅面尺寸：170mm×230mm
印　　张：14
字　　数：300千字
出版时间：2019年6月第1版
印刷时间：2019年6月第1次印刷
责任编辑：王西萌
封面设计：中映良品
版式设计：中映良品
责任校对：王玉宝

书　　号：ISBN 978-7-5591-1101-2
定　　价：49.80元

联系电话：024-23284376
邮购热线：024-23284502